Relaciones sociales y de genes

el primer vegetal transgénico mexicano

SERIE
Las ciencias sociales
TERCERA DÉCADA

Relaciones sociales y de genes

el primer vegetal transgénico mexicano

Claudia Ortega Ponce

Antonio Arellano Hernández

Universidad Autónoma del Estado de México

UAEM

Miguel Ángel Porrúa

MÉXICO 2010

Esta investigación, arbitrada por pares académicos, se privilegia con el aval de la institución coeditora.

Primera edición, abril del año 2010

ISBN 978-607-401-255-2

IMPRESO EN MÉXICO *PRINTED IN MEXICO*

www.maporrua.com.mx
Amargura 4, San Ángel, Álvaro Obregón, 01000 México, D.F.

Prefacio

Dominique Vinck

La sociología de ciencias, después de limitarse al estudio de la comunidad científica y las relaciones entre investigadores, finalmente trató de afrontar el reto de recusar un análisis que también se centra en la producción científica: hechos y declaraciones, teorías y conceptos, preguntas e hipótesis, objetos de investigación y dispositivos experimentales, instrumentos y muestras, publicaciones, etcétera. Una primera corriente de análisis, durante los años setenta del siglo pasado, se estimaba capaz de estudiar estas producciones científicas como producciones sociales, explicadas sólo por medio de la causalidad sociológica. Las teorías científicas, por ejemplo, estaban ligadas a los grupos sociales quienes les defendían; el contenido científico a continuación, se explicaba por los intereses sociales y profesionales de los investigadores involucrados, por sus alianzas con otros actores en la sociedad y por las relaciones de poder entre los grupos sociales comprometidos con las teorías en competición. Este relativismo sociológico, que rechaza la naturaleza o la lógica como causa explicativa de las producciones científicas, ha sido muy criticado no sólo por los propios científicos, indignados al ver su ciencia reducida a la condición de cualquier producción cultural, sino también por una nueva generación de estudios sociales de la ciencia. Esta nueva línea de investigación se ha distinguido especialmente por un cambio de método: en lugar de limitarse a la vinculación de los discursos científicos y actores sociales, los nuevos científicos sociales se dieron los medios para ir a ver las prácticas reales de los investigadores que sea la colecta de muestras en la naturaleza, la realización de un experimento de laboratorio, el ajuste de un instrumento, el procesamiento de datos o la escritura de una publicación. Al hacerlo, el sociólogo se ve obligado a tomar en cuenta no sólo los investigadores y su discurso, sino también los objetos que producen y manejan. Teniendo en cuenta la materialidad de la actividad científica invierte la explicación sociológica pura, pero por lo tanto sin introducir de nuevo una "naturaleza" que hable por sí misma y que el científico tendrá que escuchar y luego escribir bajo su dictado. La "naturaleza" está realmente presente en la construcción del conocimiento, pero es una naturaleza a menudo producida en el laboratorio, o hecha con muestras seleccionadas en el mundo, envasadas, procesadas y trasladadas, antes de ser más o menos reconfiguradas en el laboratorio a partir de los enfoques teóricos de los investigadores y de los instrumentos a su disposición. El material de la investigación sociológica se convierte en un material híbrido en el cual se hace difícil aislar lo que es lo social y lo que pertenece a la naturaleza. Una muestra puesta en prueba en un experimento es un trozo de naturaleza material y socialmente reconfigurada.

La investigación que plantean Claudia Ortega Ponce y Antonio Arellano Hernández en este libro es parte de esta nueva tradición de investigación en la ciencia. Siguiendo la pista que conduce a transformar algunas variedades de papas mexicanas para conferirles nuevas propiedades genéticas, especialmente la capacidad de resistir a ciertos virus, los autores cuentan bien el proceso por el cual las estrategias de los actores (científicos, industriales, institucionales e individuales) se mezclan con las variedades de papas, los instrumentos de la biología molecular y de la virología, las normas y las prácticas de los organismos reguladores del mercado de semillas. Asimismo, nos muestran cómo los programas y las hipótesis de investigación son construidos por las asociaciones sociotécnicas hechas de elementos heterogéneos, destacando el proceso que llevó a mover a los actores y cambiar sus estrategias y prácticas, incluso su identidad colectiva. Los autores acompañan a los actores que entran o salen del juego y las reconfiguraciones que siguen, calificando cómo los objetos de investigación son reconfigurados, especialmente para integrar nuevas restricciones introducidas por los actores recién llegados (organización ambientalista, organismo de certificación de semillas, actores de la experimentación en agricultura, etcétera). Particularmente llama la atención la forma en que los autores muestran cómo los actores de la modificación genética de las papas producen simultáneamente nuevas variedades de plantas, conocimiento científico, marcos regulatorios, comunidades de académicos, alianzas políticas y económicas.

En la investigación Claudia Ortega Ponce y Antonio Arellano Hernández no se limitan al análisis de las prácticas de algunos investigadores o laboratorios. Al contrario, ellos identifican las relaciones entre las entidades sociotécnicas (más o menos social, como un organismo de investigación con sus instrumentos y procedimientos, o natural, como una variedad de papa seleccionada, certificada y conservada o como los genes codificadores de resistencia a virus PVX y PVY de Monsanto), lo que la lleva a circular y dibujar toda la red sociotécnica de la papa transgénica en México. También ella da cuenta de las transformaciones en la red y describe esas transformaciones mediante la construcción de una periodización.

Tal investigación tiene, evidentemente, todavía margen de mejora. Por ejemplo, habría sido interesante, para conseguir un análisis aún más fino, bajar a mirar las prácticas reales de los investigadores en el laboratorio. Esto habría permitido no sólo dar cuenta de la construcción de hipótesis y configuraciones de los actores, sino también de la constitución socionatural de los objetos. Estos objetos no suelen reducir el proyecto social y epistemológico de los investigadores y otras partes interesadas. Éstos a menudo se resisten; no se encuentran haciendo, dentro de una experiencia en laboratorio o de campo, lo que se esperaba de ellos. También vemos a los actores realizar más investigaciones para entender por qué las cosas no salen según lo planeado. Les vemos también dudar de sus protocolos, estrategias, recursos y alianzas. Todo esto serviría para complementar el excelente estudio de Claudia Ortega Ponce y Antonio Arellano Hernández e inscribe el libro en los enfoques más recientes en el campo de *los estudios de las ciencias*.

Durante el siglo XX, la investigación científica se ha convertido en un asunto importante que afecta a toda la sociedad. Parte de la producción científica (nueva visión del mundo, conceptos, datos, herramientas, habilidades) irriga la sociedad y contribuye a su transformación. Todos los ciudadanos, delegados o científicos sociales deberían, por tanto, ocuparse de lo que se hace en las redes de la ciencia y la tecnología. Esta cuestión nos lleva a repensar cada vez más las formas de democracia para que la sociedad siga controlando su propia evolución. Se trata de hacer entrar la ciencia y la tecnología en democracia, respetando la autonomía relativa requerida para la práctica de la investigación. Aún se tienen que encontrar maneras para abrir la caja negra de la ciencia y la tecnología para que la gente común comprenda lo que pasa. Para eso, la popularización del contenido científico no es realmente una solución. Es mejor desplegar análisis como el de Claudia Ortega Ponce y Antonio Arellano Hernández. Este tipo de análisis y descripción permite a todas las partes interesadas, científicos, industriales, políticos y ciudadanos entender lo que está en juego, aunque a veces pasan por los detalles de un gene o de una técnica de modificación del patrimonio genético de una papa. Este estudio es un modelo. La comunidad científica como la sociedad necesitan que se multiplique este tipo de investigación sobre las producciones tecnocientíficas que pueden afectar a la sociedad.

Además, es muy agradable ver publicada una investigación como este excelente trabajo de Claudia Ortega Ponce y Antonio Arellano Hernández, que se enfoca específicamente en casos concretos de dinámicas tecnocientíficas. Y el placer es aún más grande dado que encontramos un análisis bien hecho, preciso, detallado y bien documentado que estimula el pensamiento. La investigación presentada aquí es un ejemplar de esta nueva tradición de investigación en estudios de la ciencia. Se basa en particular en la sociología de la traducción (teoría del actor-red) que los autores despliegan con gran rigor. Su descripción fina y precisa de los cambios es útil para cualquier actor o investigador que quiere entender no sólo lo que sucede en este extraño mundo de la papa mexicana, sino en general, en la tecnociencia moderna. Este libro realmente aporta otro elemento en la construcción de los estudios de la ciencia.

El trabajo de Claudia Ortega Ponce y Antonio Arellano Hernández es particularmente bienvenido. Esperamos que este libro ofrezca al lector el deseo de comprender mejor la dinámica que traversa el mundo de la investigación científica y la innovación y de cómo los investigadores son también los fabricantes de la sociedad.

Introducción

El campo de trabajo de los estudios sociales de la ciencia y la tecnología se enfrenta a un problema central; en la construcción del conocimiento científico occidental, prevalece el esquema dual de estudiar por separado a la naturaleza y a la sociedad. Esto se debe a que la investigación científica contemporánea ha dejado la explicación de la relación hombre-naturaleza como algo definido, a partir de los campos de acción de las disciplinas, agrupando por un lado, las ciencias naturales y por otro, las ciencias sociales.

En esta dualidad, se le atribuye una postura epistemológica a las ciencias sociales, consideradas como las ciencias que estudian al ser humano y sus relaciones; y una postura teleológica a las ciencias naturales, relacionadas con el estudio de los fenómenos de la naturaleza.

Con esta investigación, pretendemos poner a prueba el esquema dual de la ciencia que separa las ciencias sociales de las ciencias de la naturaleza, proponiendo una reflexión en el plano teórico sobre la mezcla de las leyes de la naturaleza descubiertas por la ingeniería genética, con los intereses sociales puestos en marcha por una serie de actores (científicos, productores, instituciones gubernamentales, grupos ecologistas y agencias) representados en un laboratorio de alta tecnología en biotecnología vegetal en México. Nuestra investigación reconoce la reconfiguración de la relación hombre-naturaleza a partir del desarrollo del primer vegetal modificado genéticamente y de interés comercial en México, la papa transgénica.

En este trabajo analizaremos las relaciones socionaturales que se gestan en un proyecto de colaboración entre una poderosa empresa tecnológica de carácter trasnacional y un laboratorio en biotecnología de plantas, a propósito de la investigación para conferir mediante la ingeniería genética resistencia a los virus PVX y PVY a las variedades mexicanas de papa.

En cuanto al tema de la biotecnología como disciplina, encontramos una diversidad de acepciones; una de las más difundidas es la referente a la manipulación de los seres vivos y su aplicación en el aparato productivo para elaborar bienes y servicios. Casas (1993) distingue tres generaciones de la biotecnología:

> Primera generación. Caracterizada por los procesos de fermentación para la producción de alimentos y bebidas que datan de la antigüedad.
> Segunda generación. Consiste en los avances de la microbiología, el uso exitoso de mutaciones y selección de cepas para mejorar los rendimientos, los refinamientos de los sistemas de fermentación y el desarrollo de los procesos continuos.
> Tercera generación. Se ubica el desarrollo de técnicas de inmovilización enzimática y avances de la ingeniería genética que están dando lugar a las combinaciones genéticas y a sus repercusiones en los sectores farmacéutico, agrícola y pecuario.

En esencia, dicho trabajo aborda un área que se apoya en la investigación básica, de ahí que en sus inicios su desarrollo haya estado fuertemente vinculado a los centros universitarios y a los institutos de investigación (Casas, Chauvet y Rodríguez, 1992). Nosotros nos interesamos por la biotecnología de tercera generación, específicamente en el caso de la transformación genética.

La ingeniería genética, también conocida en la década de los ochenta del siglo pasado, como la tecnología del ADN recombinante, no encuentra obstáculos impuestos por la incompatibilidad sexual. Consiste en la introducción, en organismos vivos de cualquier especie, de genes provenientes no sólo de otras especies evolutivamente distantes, incluso de hongos, virus, bacterias y animales; esta modificación se lleva a cabo en un ciclo. La ingeniería genética fue utilizada en un principio para producir sustancias de uso farmacéutico, como la insulina, modificando genéticamente microorganismos. Con los posteriores desarrollos, se obtuvieron también enzimas para uso industrial, como la quimosina[1] recombinante, utilizada para elaborar el queso. Posteriormente se obtuvieron vegetales (y animales) modificados genéticamente para mejorar sus propiedades (Cubero, 2000).

Lo anterior se basa en el principio de que el código genético de los organismos vivos es universal, la presencia del ADN (ácido desoxirribonucleico) en las células de todos los organismos vivos.[2] Es por ello que la obtención de plantas transgéni-

[1] La quimosina es una enzima proteolítica que se obtiene tradicionalmente del abomaso (cuarto estómago) de terneros jóvenes. Se encuentra, como enzima digestiva, mezclada con pepsina, siendo la proporción de quimosina y la calidad del cuajo mayor cuanto más joven es el animal. También se encuentra en otras especies animales, como el cerdo. Durante muchos siglos se ha utilizado en la fabricación de queso el estómago de los terneros secado al sol y triturado.

[2] Esta molécula almacena la información genética del organismo y organiza los procesos metabólicos de la vida. La información genética es especificada por la secuencia de cuatro basas químicas (adenina, citosina, quianina y timina) a lo largo de la molécula de ADN. Los genes son segmentos separados de ADN que codifican la información necesaria para conjuntar una proteína específica.

cas (portadoras de un gen ajeno o heterólogo),[3] empleando alguna de las técnicas disponibles para tal efecto, representa hoy en día uno de los medios más versátiles y precisos para producir variedades vegetales mejoradas.

La ingeniería genética ha demostrado ser una herramienta útil para mejorar las variedades comerciales de papa, al hacer posible la incorporación de genes específicos como la resistencia a los virus. La transformación genética, para lograr la resistencia a enfermedades ocasionadas por los virus, fue una de las primeras demostraciones prácticas de esta poderosa herramienta (Beachy, 1990 en Rivera y Villalobos, 1999).

Para los científicos, las ventajas de la ingeniería genética, respecto a las técnicas convencionales de mejoramiento genético basado en la hibridación, son tres específicamente: en primer lugar, los genes que se van a incorporar pueden ser de cualquier procedencia; en segundo lugar, a una planta mejorada genéticamente se le puede introducir un único gen nuevo, con lo que se preservan en su descendencia el resto de los genes de la planta original; y, en tercer lugar, el proceso de modificación se realiza en mucho menos tiempo. Estas tres ventajas se sintetizan en la posibilidad de modificar las propiedades de las plantas de manera más amplia, precisa y rápida, comparado con las técnicas clásicas basadas en la hibridación y selección.

Entonces, una planta transgénica es aquella que contiene uno o más genes insertados en forma artificial, en lugar de que la planta los adquiera mediante la polinización. La secuencia génica insertada (llamada el transgen) puede provenir de otra planta no emparentada o de una especie por completo diferen-

[3] Está compuesto de distintos elementos o de elementos similares en distintas proporciones. Todo aquello derivado o procedente de una especie distinta de la especie de referencia (células heterólogas, ADN heterólogo, tejido heterólogo, suero heterólogo).

te. Por ejemplo, el maíz Bt, que produce su propio insecticida, contiene un gen de una bacteria.

La tecnología empleada para obtener diferentes líneas de papa, resistentes a la inoculación mecánica de los virus PVX y PVY, se desarrolló en los laboratorios de la Compañía Monsanto y se aplicó en México mediante la firma de un Proyecto con el Cinvestav-Irapuato. En este proyecto también participan instituciones como el Instituto de Investigaciones Forestales, Agrícolas y Pecuarias (INIFAP); la empresa Monsanto, la Fundación Rockefeller, el International Service for the Adquisition of Agri-Biotech Applications (ISAAA) y los productores de papa mexicanos (Rivera, 1996).

Nuestro interés en estudiar la construcción de una red sociotécnica en este proyecto se sustenta en las siguientes razones; la primera se debe a que el Proyecto de Colaboración-Transferencia representa la primera iniciativa y la más avanzada en el país para volver realidad la promesa de la biotecnología de contribuir a la dinamización de sectores primarios en países de menos desarrollo. La segunda razón se debe a que la ingeniería genética es la mejor herramienta; es de vanguardia y además, por las características del laboratorio, la forma de organización de una disciplina, la convergencia de otras disciplinas y el surgimiento de nuevas disciplinas. Finalmente, la tercera razón es que la papa corresponde el cuarto cultivo alimenticio en orden de importancia, en el nivel mundial, después del maíz, el arroz y el trigo.

Por lo anterior expuesto, nuestro planteamiento del problema es el siguiente: el análisis del proceso de investigación de un artefacto tecnocientífico puede brindar los elementos necesarios para explicar la materialidad de las relaciones sociales, así como los factores sociales de la actividad tecnocientífica.

Nos interesa la construcción del proceso de investigación en la transformación de variedades de papa, porque el análisis de los elementos que nos brinda la Sociología de la Traducción nos permitirá mostrar la materialidad social de la vida de los laboratorios y al mismo tiempo comprender el papel de los factores sociales en los resultados de la manipulación genética.

Los objetivos por desarrollar son los siguientes:

1. Analizar algunas de las tendencias que han aportado a la construcción de la Sociología de la Tecnociencia y de esta forma, contribuir también a la difusión de esta disciplina.
2. Examinar el establecimiento de una red sociotécnica, en ingeniería genética en México, mediante el análisis de las posiciones y los desafíos de una comunidad científica interesada en ligar la generación de plantas resistentes a virus con el desarrollo de una disciplina, en un centro público de investigación en biotecnología.
3. Indagar sobre las acciones que los expertos de técnicas de la transgénesis en papa afrontaron en los planos conceptual, metodológico y de estrategia social.
4. Profundizar en los cambios que se generaron a partir del proyecto Monsanto-Cinvestav-Irapuato, en sus dimensiones simbólica, material y social.

En el primer capítulo de este trabajo, realizaremos un acercamiento teórico mediante la exposición de algunos elementos teórico-metodológicos de la Sociología de la Tecnociencia. En seguida, presentaremos la estrategia metodológica empleada en este trabajo y la delimitación temática. En el segundo capítulo, revisaremos la primera etapa del proyecto de colaboración Monsanto-Cinvestav-Irapuato, con el propósito de exponer las diferentes estrategias que realizaron cada uno de los actores implicados, tomando en cuenta la relación entre el contexto y el contenido implícitos en la investigación en biotecnología de plantas. En el tercer capítulo, abordaremos la construcción de la segunda etapa del proyecto, destacando la incorporación de nuevos actores en la red y el abandono de otros en función de su participación. Analizaremos los esfuerzos de los científicos por estabilizar la tecnología de transformación genética en papas mexicanas y las consecuencias que esto representa. Finalmente, en el cuarto capítulo, examinaremos los cambios que sufrió la red de investigación en transformación genética de papa a partir del reconocimiento de los elementos de la relación hombre-naturaleza, que integran cada dimensión de la matriz antropológica utilizada en nuestro análisis.

Capítulo I

Ordenamiento teórico, metodología y delimitación del tema de estudio

Ordenamiento teórico

Las preguntas fundamentales que originan esta investigación son las siguientes: ¿es posible explicar la sociedad sin la materialidad expresada en los objetos tecnocientíficos?, ¿es posible explicar la creación y/o existencia de los objetos tecnocientífico sin la participación del ser humano? De la negación de las dos cuestiones anteriores surge una nueva interrogante, entonces, ¿cómo explicar la relación de la producción del conocimiento tecnocientífico con la construcción de la sociedad? Para dar respuesta a estas interrogantes, discutiremos y precisaremos las nociones ligadas a la producción del conocimiento tecnocientífico, que nos permitirán identificar los elementos y fijar nuestra posición teórica. En primer lugar, expondremos los principales abordajes para el estudio de la relación ciencia-sociedad; enseguida situaremos el objeto de la investigación.

El considerar la actividad tecnocientífica como objeto de estudio representa una tarea que impone una variedad de retos por vencer, entre los cuales podemos resaltar dos en particular. El primero es delimitar un campo disciplinario de las herramientas teórico-metodológicas que nos permitan armar una explicación de cómo entender la construcción simultánea de un artefacto, así como de la sociedad. De este planteamiento surge el segundo reto, el cual consiste en adentrarse en una disciplina relacionada con la construcción de un artefacto tecnocientífico, es decir, aprender los elementos básicos de un lenguaje, procedimientos y técnicas de un área de las llamadas ciencias de la naturaleza.

En el caso del primer reto, la construcción del marco teórico pertinente para abordar el estudio de caso seleccionado, lleva implícito, el compromiso de situar al lector en el campo disciplinario seleccionado. Es por ello que nos hemos propuesto mostrar algunos elementos de la construcción de la sociología de la tecnociencia, a partir de sus orígenes situados en la sociología del conocimiento, hasta los llamados estudios sociales de la ciencia y la tecnología. No pretendemos hacer la historiografía ni un recorrido evolutivo de una disciplina; nuestra intención es presentar algunas de las tendencias que han aportado a la construcción de la Sociología de la tecnociencia y, de esta forma, contribuir también a la difusión de esta disciplina. El criterio para seleccionar los autores que consideramos han influido en el desarrollo de la Sociología de la tecnociencia, está en función de la forma en que se construyen las respuestas a los siguientes planteamientos: ¿cómo se plantea estudiar la actividad tecnocientífica?, ¿cuál es el andamiaje teórico-metodológico que proponen?, ¿qué enfoques se han derivado de su planteamiento principal?, ¿cuál es la debilidad de sus propuestas? Y, finalmente, ¿cómo se ven traducidas sus aportaciones en el campo de la sociología de la tecnociencia?

La relación sociedad y conocimiento, el estudio del conocimiento y la ideología

La explicación de los nexos entre el desarrollo científico y el desarrollo de la sociedad inicia a mediados del siglo XIX, en la búsqueda por definir qué era la ciencia, considerada como una característica de la sociedad y no como una actividad más. Por su carácter social, la ciencia se abordó como una forma específica de organización social, exclusiva de las sociedades industriales (Comte, 1981). Por el carácter ideológico de los conocimientos, la ciencia dependía del condicionamiento que sobre los individuos ejerce la clase social que ocupan (Marx, 1980), y por su carácter religioso, la ciencia formaba parte del sistema de representación del lugar del hombre en el mundo y de la razón de ser en su entorno (Durkheim, 1989).

El primer autor seleccionado como referencia para profundizar en el estudio de la actividad tecnocientífica[4] es Mannheim, quien se enfoca en los modos de pensar, el carácter ideológico de las relaciones entre el conocimiento, la sociedad y la cultura; dejando la Teoría de la ideología por una Sociología del conocimiento en su obra *Ideología* y *Utopía*.[5]

El planteamiento de Mannheim inicia con la necesidad de conocer el pensamiento de los hombres como un instrumento de la acción colectiva. Su propuesta va más allá del desarrollo filosófico en campos específicos de la ciencia, como las matemáticas, la lógica y la física pues, básicamente, reflexiona sobre las raíces sociales del conocimiento. Para ello, elabora un método sustentado en dos premisas: la primera consiste en definir, como objeto de estudio, el carácter social del pensamiento, en una situación histórico-social de la cual emerge poco a poco

[4] "El término tecnociencia designa el complejo entramado de ciencia, tecnología, sociedad y naturaleza [...] su configuración actual es el resultado de tradiciones culturales que hay que reconstruir históricamente, si se quiere comprender y valorar las innovaciones tecnocientíficas características de nuestro tiempo junto con las decisivas transformaciones económicas, sociales, culturales y ambientales que están operando a escala mundial a fin de poder intervenir efectivamente en las mismas". Medina en http://ctcs.fsf.ub/prometeus/index.htm 10/Oct/2002.

[5] K. Mannheim, 1941, *Ideología y utopía. Introducción a la sociología del conocimiento*, México, Fondo de Cultura Económica.

el pensamiento individual. La segunda premisa deviene de la primera, al reconocer que no es posible separar los modos de pensamiento que tienen una existencia concreta de la trama de la acción colectiva: "la dirección de cambio o de conservación de esta voluntad colectiva nos sirve de hilo conductor para llegar al lugar donde surgen los problemas, sus conceptos y sus formas de pensamiento" (Mannheim, 1941: 5).

La aplicación del método de la sociología del conocimiento está en función de otorgar una nueva dimensión al concepto de ideología establecido en la obra Marx.[6] Para Mannheim, el término ideología tiene dos sentidos, el particular y el total. Respecto al primero, ideología tiene un carácter individual, pues representa el conjunto de ideas que tenemos de nuestro adversario. Con relación al segundo, la ideología es la representación del pensamiento de una época o de un grupo histórico social concreto; el análisis de este pensamiento pone en tela de juicio la concepción del mundo del adversario, pero tratando de comprender estas concepciones como producto de la vida colectiva en que participa.

El concepto general de ideología constituye la materia propia de la Sociología del conocimiento, pues en éste se incluyen los contenidos, las formas y el armazón conceptual de un modo de pensamiento, como función de la situación vital de un pensador. Lo que Mannheim busca es identificar la correspondencia entre determinada situación social y determinada perspectiva; en conjunto, lo que se persigue es la caracterización de una situación social. En este sentido, la Sociología del conocimiento se puede emplear desde dos enfoques, uno como teoría y otro como investigación histórico-sociológica. Respecto a la primera, analiza las relaciones que existen entre el cono-

[6] Mannheim reconoce a Marx como fundador de la Sociología del conocimiento, pero su postura no es clara porque se limita al reconocimiento de los portadores de la propia ideología, las clases sociales.

cimiento y la existencia; con relación a la segunda, delinea las formas que ha asumido esta relación en el desarrollo intelectual del género humano (Mannheim, 1941).

En resumen, la base de la sociología del conocimiento se encuentra en el reconocimiento de las raíces sociales del pensamiento y la situación histórica particular en la que éste se desarrolla (ideología en el concepto general de la sociología del conocimiento). En otras palabras, cada situación histórico-social lleva implícita una forma de pensamiento, producto de la voluntad colectiva. La debilidad de este planteamiento está en la condición epistemológica de la ideología, ya que este concepto, en su sentido general, se puede abarcar en todo lo que se quiera utilizar para explicar el desarrollo de la sociedad. De acuerdo con Lamo de Espinoza *et al.* (1994), Mannheim intentó llegar a un concepto no evaluativo de ideología, pero terminó en un relativismo ético y epistemológico.

En síntesis, podría decirse que Mannheim estableció de un modo claro la socialidad del conocimiento y la posibilidad de estudiarlo sociológicamente. En el caso que nos ocupa, nos interesa expresar el contenido social del conocimiento y las técnicas contemporáneas derivadas de la aplicación de la biología molecular.

La actividad científico-tecnológica, una actividad regulada

Merton entiende la sociología de la ciencia como una subdivisión de la sociología del conocimiento, ya que trata del ambiente social de esa clase particular del conocimiento y se enfoca, principalmente, en las relaciones entre el conocimiento y otros factores existenciales de la cultura a lo largo de la historia.

Específicamente, en su obra *La ciencia y la tecnología en el siglo XVII en Inglaterra,* este autor selecciona y analiza las distintas esferas del conocimiento, su nivel de abstracción, los supuestos previos, los objetivos de la actividad intelectual, el contenido conceptual y los modelos de verificación. Al igual que Mannheim, Merton deja el problema epistemológico a la filosofía, pues considera que la génesis social del pensamiento no constituye necesariamente un factor determinante de su validez o falsedad, ya que, la Sociología de la ciencia está en busca de una solución integradora que permita y favorezca la investigación empírica detallada, frente a los análisis generales en problemas específicos, además de evitarle las cuestiones epistemológicas. Por ello, es necesario conocer la forma en que se produce la interdependencia entre la ciencia y la estructura social, situación que además varía según los distintos contextos (Lamo de Espinosa *et al.*, 1994). En otras palabras, Merton consideraba que el contenido de la ciencia debía ser tarea de la lógica y de la filosofía, en tanto que el contexto debería ser abordado por la sociología.

La sociología mertoniana supone que la existencia de estructuras sociales, empotradas en las instituciones científicas, influye en su funcionamiento. Para eso, considera que el trabajo de la sociología de la ciencia se puede realizar por medio de dos objetivos particulares:

> 1) estudiar los diferentes modos de interdependencia de la ciencia y la estructura social, tratando la ciencia misma como una institución social diversamente relacionada con otras instituciones de la época, y
> 2) hacer un análisis funcional de esta interdependencia, con especial referencia a las cuestiones de integración y de mala integración (Merton, 1985).

Con estos dos objetivos, la atención de Merton se dirige al análisis de cómo determinados ordenamientos sociales interactúan con la ciencia, permitiendo el desarrollo de algunas investigaciones y el abandono de otras. Los ordenamientos sociales constituyen el punto central de análisis, donde Merton establece una relación de lealtad al Estado y al código ético de la ciencia. Esta relación se expresa en el *ethos científico*, que Merton define como: "ese complejo, con resonancias afectivas, de valores y normas que se consideran obligatorios para el hombre de ciencia" (Merton, 1942: 357).

Las normas mertonianas que debían regir las comunidades de los científicos son: 1) el universalismo, que permite asegurar que los conocimientos surgidos de la actividad científica son universales y objetivos, 2) el comunalismo (o comunismo) que permite asegurar que todos los productos de investigación científica son bienes colectivos, 3) el desinterés, que asegura que el científico trabaja olvidando sus intereses personales o motivaciones extracientíficas, 4) el escepticismo organizado (o duda sistemática), que garantiza que los enunciados científicos sean sometidos a profundos exámenes críticos antes de ser validadas como conocimientos adquiridos (Merton, 1942).[7]

Este conjunto de normas se concentra en la regulación de las actitudes que pueden tomar los científicos en torno al desarrollo de la ciencia. Para él, independientemente del contenido de la ciencia, ésta es autónoma respecto a los ordenamientos sociales y políticos en los que se desarrolla; así, el progreso de la ciencia está en función de la estructura social general de la que forma parte. Merton afirma que:

> La sociedad general se orienta por normas y valores similares y correspondientes con los de la ciencia, por esta razón, ella avanzará más que en las sociedades donde sus normas se contradigan con las de la comunidad científica y se reprima el ethos científico (Merton, 1942: 80).

[7] A la propuesta de las normas anteriores se le conoce como CUDEOS, por la primera línea de cada norma Comunalismo, Universalismo, el Desinterés y el Escepticismo Organizado.

Al final de la década de los cincuenta del siglo pasado, Merton identifica dos nuevas normas del *ethos* científico: el de la humildad, derivado del desinterés y el escepticismo organizado; y el de la originalidad, fruto del comunalismo y del establecimiento de un sistema autónomo de recompensas.

Del sistema institucionalizado de recompensas y de gratificaciones, Merton denomina el llamado efecto *San Mateo*[8] al hecho de que, entre más publica un autor, más recompensas obtendrá: premios o fondos para sus investigaciones y, en consecuencia, con mayor facilidad podrá seguir publicando. El efecto *San Mateo* tiene su origen en el sistema de evaluación y reconocimiento, eje clave para la vida científica (Merton, 1942). En cuanto a la actividad tecnocientífica, Merton marcó un hito en el estudio de la desigualdad en la vida científica, que sirvió de ejemplo a las investigaciones y discusiones de sus discípulos sobre esta problemática.

Dentro de los discípulos más representativos están Zuckerman (1972) y los hermanos Jonathan y Stephen Cole (1973). La autora, anteriormente mencionada, se interesó en los mecanismos sociales que interfieren en la distribución universalista del reconocimiento y las recompensas a él asociadas. Entrar al estudio de la ultra élite de los premios Nobel que trabajan en Estados Unidos de Norteamérica la llevó a distinguir que el proceso descrito por la teoría de la ventaja acumulativa no ejerce su efecto de manera perfectamente idéntica, pues, ésta varía según sean las disciplinas y de acuerdo con las estructuras formales como laboratorios y organización jerárquica; aunque hay otras formas de heterogeneidad como son la jerarquía en revistas, la jerarquía en laboratorios y otras más específicas como el sexo, el origen social, la na-

[8] Merton utiliza una de las referencias bíblicas de Mateo, que sostiene que el dinero llegará más a los ricos y los pobres serán cada vez más pobres.

cionalidad, la edad (que varía según la disciplina) y el origen étnico (Zuckerman, 1972).

Por su parte, los hermanos Cole se enfocaron en la relación indirecta entre la posición académica de un investigador y la calidad de su trabajo científico a través de estudios realizados sobre la producción sustantiva y la vida de la moderna ciencia americana (físicos). Estos autores afirman que en la evaluación de la calidad y la excelencia del trabajo científico se advierte un alto nivel de universalismo; además, que en cualquier institución social es mayor la "visibilidad" del investigador, es decir, se refiere a la Teoría de la ventaja acumulativa (Cole y Cole, 1967).

Con relación a las críticas al *ethos* científico mertoniano, éstos se centraron en dos aspectos; el primero corresponde a la vigencia de este conjunto de normas en la actividad científico-tecnológica, pues la investigación de Merton se realiza en la sociedad del siglo XVII en Inglaterra; de modo que no es posible estudiar las conductas reales de los científicos en el mundo económico ni en la vida académica, pues consideran al sistema de intercambio de recompensas desde el punto de vista de las economías precapitalistas, restándole importancia a los intereses competitivos y maximizadores reales de los científicos en las sociedades contemporáneas (Lamo de Espinoza *et al.*, 1994). El segundo aspecto se refiere al carácter neopositivista de la sociología de Merton, en la distinción entre el conocimiento científico y el resto de los conocimientos (y creencias) encontrados en la cultura.

A pesar de estas debilidades en la propuesta de Merton, el desarrollo de la escuela mertoniana puso de manifiesto que la institución científica se estructura como un sistema de recompensas que permite en buena medida el control social de la institución. Producto de las críticas posmertonianas se manifiesta la necesidad de generar alternativas teóricas para estudiar la ciencia, considerando el papel de los factores internos y externos que se encuentran en torno a la actividad de los científicos.

Desde la perspectiva mertoniana, nos interesa señalar el surgimiento de una estructura social del conocimiento, no en términos morales, sino en su organización disciplinaria. La cuestión por saber es cómo surge y se desarrolla la disciplina de la biotecnología agrícola en México y, en particular, lo referente a la virología molecular.

La historia del contenido de la ciencia y de los contenidos científicos

Kuhn en su obra *La estructura de las revoluciones científicas*, publicada en 1962, muestra su preocupación por indagar en el quehacer científico, pero particularmente, por hacer una propuesta alternativa a la tradición del positivismo lógico. Por ejemplo, a diferencia del planteamiento popperiano[9] de la actividad científica, Kuhn propone el concepto de ciencia normal para caracterizar los periodos más prolongados de la actividad científica, sus supuestos epistemológicos relativistas y su afirmación de que existen variables no estrictamente racionales que son las que permiten dar cuenta del cambio científico.

La revolución científica y la ciencia normal son las piezas clave que permiten calificar una actividad concreta como ver-

[9] Popper establece que el progreso científico se produce a partir de la permanente posibilidad, tanto en la dimensión lógico/empírica de las proposiciones sustantivas como en la práctica cotidiana de la conducta de los científicos, de encontrar algún tipo de evidencia que refute las afirmaciones previamente establecidas. Para Popper, el problema central del crecimiento del conocimiento y el mejor modo de estudiarlo es indagar en el conocimiento científico, dado que la ciencia es aquella forma de conocimiento que mejor encarna el ideal aumento del corpus cognitivo. La ciencia tiene dos rasgos que hacen posible este progreso: la posibilidad de la falsación y el recurso de la discusión racional y crítica (Popper, 1962).

daderamente científica, junto con la consideración de la historia de la ciencia. De manera que la fórmula para Kuhn está en el contenido de una ciencia, sus métodos de razonamiento y la secuencia de su desarrollo histórico. Kuhn define la ciencia normal como:

> La práctica que acoge al conjunto de investigaciones basadas en una o más realizaciones científicas anteriores que la comunidad científica reconoce durante cierto tiempo como fundamentales para su trabajo posterior, y que lleva consigo la realización de la promesa inicial que supone el triunfo de un determinado paradigma tras una revolución científica (Kuhn, 1986: 34).

En ese sentido, un paradigma es un logro científico fundamental, el cual contiene una teoría estabilizada, algunas aplicaciones y resultados de experimentos. Pero, especialmente, la promesa del cumplimiento y aplicación de este paradigma queda abierto a investigaciones posteriores, realizadas por grupos de científicos que creen y aceptan dicho paradigma; asimismo, los resultados de las investigaciones que realicen tendrán como objetivo extender y explotar el paradigma, y no competir con él (Lamo de Espinoza et al., 1994).

Otra propiedad del paradigma es la capacidad reguladora que los conceptos ejercen dentro de la comunidad científica que lo adopta. Para Kuhn, es posible delinear las comunidades de acuerdo con los rasgos comunes que comparten sus miembros, como son la especialidad científica a la que pertenecen, su formación y su experiencia académica, así como la comunicación profesional basada en compromisos cognoscitivos que delinea el propio paradigma. El reconocimiento de estas características en la actividad tecnocientífica lo hacen susceptible al análisis sociológico.

El paradigma se apoya en el principio de autoridad, pues es éste el que establece la autoridad intelectual y la social. La vida de un paradigma está asegurada por la formación de científicos, a partir de modelos o ejemplos paradigmáticos. Para identificar un paradigma deben observarse cuatro situaciones:

1) dos paradigmas son incomparables, inconmesurables,
2) entre el nacimiento y crisis de un paradigma existe un largo periodo,
3) no existe la observación y la experiencia neutras,
4) no existe el cuerpo de conocimientos sin soporte social; el paradigma está vinculado con una comunidad o con un grupo social (Kuhn, 1986).

Desde estas cuatro situaciones, la autoridad del paradigma está estrechamente relacionada con la naturaleza del grupo que lo genera y lo recrea, de manera que no reconoce un método universal o ahistórico en las ciencias (sociales y particularmente en las naturales); no existe tampoco una categoría epistemológica privilegiada. De este modo, Kuhn marca la pauta para que la sociología del conocimiento pueda entrar sin problemas al estudio de la actividad científico-técnica.

Con relación a las críticas que recibe la propuesta de Kuhn, está la generalidad y rigidez de la noción de paradigma:

> La hipótesis de las revoluciones científicas (y buena parte del argumento de Kuhn) es audible siempre que se sitúe dentro de un esquema que combine la precisión del concepto revolución con el respeto a la riqueza de situaciones empíricas detectadas en la historia y la sociología de la ciencia. Por eso sólo es posible si se abandonan las pretensiones universalizantes de Kuhn, y se sitúa el caso de las revoluciones como forma del cambio científico, dentro de un planteamiento que defienda que este fenómeno está sujeto al principio del pluralismo tipológico, es decir, que reconozca que son posibles distintas formas de concebir el cambio y la innovación en el quehacer científico (Lamo de Espinoza *et al.*, 1994: 509).

Por eso se buscaron alternativas para hacer operativa, en la comprensión, la investigación científica *en lo cotidiano*, en sus actos más ordinarios y en los acontecimientos de corta duración (Martin, 2003). Lo anterior implicaba que habría que considerar las determinantes sociales de los saberes científicos, para ello se requería abrir la "caja negra" (Woolgar, 1991). La recepción de la teoría kuhniana de la ciencia culminó con el establecimiento del Programa Fuerte de la Sociología de la Ciencia (SP), planteado por David Bloor en 1976. La tarea en este programa fue identificar las determinantes sociales de los saberes científicos.

Bloor inicia cuestionando si, ¿se puede investigar y explicar el contenido y la naturaleza mismos del conocimiento científico?; la construcción de su respuesta está en el reconocimiento de que todo conocimiento, ya sea en las ciencias empíricas, incluso en las matemáticas, debe tratarse de principio a fin como asunto por investigar. Con el SP, Bloor otorga la posibilidad de considerar el trabajo de los científicos (observación, experimentación, interpretación de datos y las creencias científicas) como una construcción social, influida por aspectos internos de la propia comunidad de científicos, así como de aspectos externos a la sociedad a la que pertenecen.

Para abordar estos dos aspectos, el SP fue dotado por Bloor con cuatro principios programáticos: *a*) causalidad, *b*) imparcialidad, *c*) simetría, y *d*) reflexividad. Con estos cuatro principios Bloor pretende construir una sociología del conocimiento científica, según el modelo de la ciencia natural. Esta naturalización consiste en: "La construcción de una teoría general sobre las conexiones causales entre los factores sociales y cognitivos y en la búsqueda y contrastación de leyes que sean capaces de recoger esas conexiones causales" (Bloor, 1976: 96).

Bloor afirma que con esta teoría general existirán lazos causales que conectan las formas de control social de una sociedad, sus usos de la naturaleza, su conocimiento científico, además de las creencias y actividades de los científicos individuales. La necesidad de la imparcialidad de la sociología de la ciencia surge del hecho de que todas las creencias han de explicarse como fenómenos sociales, independientemente de que éstas hayan sido evaluadas y consideradas en una época determinada como verdaderas o como falsas. Como complemento de esta teoría, la simetría en la sociología está presente en la medida que se reconoce que los criterios con los que son evaluados los conocimientos son construidos socialmente; por lo tanto, los mismos tipos de causas deben explicar tanto las creencias evaluadas favorablemente como las rechazadas. Finalmente, Bloor afirma que las teorías generadas deberán aplicarse a la propia sociología de la ciencia para que el conocimiento no sea fundacionalista y entre en contradicción con sus afirmaciones generales acerca del conocimiento científico.

El impacto que logró Bloor al plantear el Programa Fuerte de la Sociología de la Ciencia se reflejó en el surgimiento, casi inmediato, de nuevas líneas de investigación que interpretan y aplican desde diferentes perspectivas los cuatro principios del Programa Fuerte. En gran medida, nos ha interesado la noción kuhniana de paradigma en el sentido que expresa una síntesis entre los elementos conceptuales y sociales que se expresan en las comunidades de virólogos moleculares de plantas, asociados a una serie de categorías, métodos y prácticas de investigación.

Ciencia, tecnología y sociedad; una relación heterogénea

Callon plantea ir más allá del principio de simetría del Programa Fuerte, con su principio de "simetría generalizada". Desde este principio propone entrar a los contenidos para mostrar a la ciencia cómo se elabora, centrarse en las prácticas de los científicos, en sus controversias[10] y también abstenerse de utilizar explicaciones que se basen en dualismos que se toman como algo dado e indiscutible; por ejemplo, la distinción verdadero-falso o naturaleza-sociedad. Por lo tanto, son las dos nociones, la de naturaleza y la de sociedad las que hay que abandonar como principio de explicación:

> Con *el principio de simetría generalizada* propia de una *antropología simétrica*, no se trata únicamente de la misma manera a la verdad y el error, a los vencedores y a los vencidos de la historia de las ciencias, sino igualmente a la sociedad y a la naturaleza, a los humanos y a los no humanos; el objeto de la investigación no siendo más la construcción social, como con Bloor, sino la *socionaturaleza*.[11]

Al proponer la disolución de las fronteras entre el dominio de lo social y el dominio natural, las características que tradicionalmente se imputan a actores humanos surgen ahora relacionadas con elementos no humanos, y la diferenciación entre niveles de explicación se torna inservible; en otras palabras, se abandonan las nociones de naturaleza y sociedad como principios de explicación. Debemos hablar de una socionaturaleza, lo que se produce ligando humanos a no humanos y fabricando nuevas redes de asociaciones (Latour, 1992), así como también las diferentes nociones que sobre la sociedad

[10] "Su objetivo no es sólo explicar puntos de vista y argumentos enfrentados en una controversia científica o tecnológica en los mismos términos, pues sabemos que los ingredientes de las controversias son una mezcla de consideraciones sobre la naturaleza y la sociedad. Por esta razón requerimos que el observador use un mismo repertorio cuando describa [...] la regla que debemos respetar, es no cambiar de registro cuando nos movemos de los aspectos técnicos del problema estudiado a los sociales" (Callon, 1995).

[11] Arellano, 20023a «http://historia.fcs.ucr.ac.cr/cuadernos.htm» 05/01/2004.

desarrollan los sociólogos de la ciencia (Arellano, 2007). La forma de cómo analizar esta situación es mediante su propuesta de la Sociología de la traducción.

El punto central de la Sociología de la traducción se sustenta en dos proposiciones; la primera consiste en terminar con las dicotomías que tradicionalmente articulan los análisis sociológicos y psicosociales: naturaleza-sociedad, sujeto-objeto, macro-micro, humano-no humano. La segunda corresponde a la necesidad de la intervención explicativa de lo social en asuntos del dominio de la naturaleza, lo científico y lo tecnológico. En ese sentido, la noción de traducción evita la distinción entre los actores humanos y naturaleza no es absoluta ni definitiva, pues "el actor red es simultáneamente un actor cuya actividad es relacionar elementos heterogéneos y una red capaz de redefinir y transformar los contenidos" (Callon, 1986: 93).

Específicamente, la función de la traducción es describir la dinámica de la sociedad; en ese sentido, para Latour y Woolgar una red se presenta como el conjunto de posiciones en las que un objeto tiene un sentido, refiriéndose particularmente a los contextos significantes de un hecho científico o de un objeto técnico. Callon adiciona una definición-propiedad de la red, pues considera que *una* red es una traducción[12] (de entidades diferentes), por la cual un mundo natural y social se forma y se estabiliza.

Con la Sociología de la traducción es posible comprender la manera en que los hechos científicos (la naturaleza) y los

[12] Callon reconoce dos significaciones esenciales en la noción de traducción: "*a*) ella establece una equivalencia siempre contestable entre los problemas formulados por varios actores en repertorios diferentes [...], y *b*) poniendo en equivalencia esos problemas de operación de traducción identifica y define los diferentes actores humanos y no humanos, implicados por la formulación de los problemas (científico-técnicos) y por su resolución" (Callon, 1989 en Arellano, 1999: 36).

actores asociados, diversamente vinculados con estos hechos (la sociedad), son interdependientes unos con otros y se construyen simultáneamente. También permite comprender el modo en que diversos intereses, individuos, campos de investigación y teorías logran, mediante una sucesión de transformaciones, asociarse y fundirse en una misma entidad. Lo que está en juego con la producción del conocimiento es la definición de una socionaturaleza (Saldanha y De Oliveira, 2005).

La apuesta por la heterogeneidad de los elementos implica una transformación radical de los conceptos en el campo de la sociología. Quizás la concepción fundamental está en la redefinición de lo social, estableciendo la ruptura en las explicaciones convencionales que utilizan como parámetro las interacciones sociales para explicar un acontecimiento o fenómeno particular; por eso, pensar la diferencia entre la socialidad animal y la humana no está en su capacidad de relacionarse o en su racionalidad, sino más bien en la materialidad (objetos, no humanos). Es por ello que analizar los mecanismos, estrategias y operaciones en el tiempo y en el espacio de la socialidad constituye uno de los principales objetivos de trabajo de lo que la teoría del actor red denomina "sociología de las asociaciones" (Latour, 2005).[13] Para Latour, "Lo social no es algún tipo de cemento que puede fijar cualquier cosa, incluyendo lo que no pueden unir otros cementos simplemente es la resultante de lo que unen otros tipos de conectores" (2005: 10).

En ese sentido, dentro del planteamiento de la Sociología de la traducción, lo social designa a las asociaciones que elementos diversos establecen entre sí en un momento determinado; entre ellos están los seres humanos, los significados,

[13] En la Sociología de las asociaciones de Latour, el término social deja de nombrar un tipo específico de fenómenos o relaciones para referirse a un movimiento de conexión, de asociación, que vincula elementos no sociales.

los símbolos, los discursos, así como los objetos y los artefactos técnicos. En su propuesta radical, la sociología deja de ser la ciencia de lo social para convertirse en la ciencia que rastrea y analiza los modos en que se producen las asociaciones en las que nos vemos implicados en nuestra vida cotidiana; por ello, la propuesta latouriana aspira a estabilizar la denominación de "colectivo" frente a la categoría de "sociedad", en donde no se reconoce la diferencia entre una relación material y la socialidad (Tirado y Doménech, 2005). La idea latouriana frente a este concepto consiste en evitar la separación de las entidades ontológicas naturaleza y sociedad.

De acuerdo con Latour, la incomprensión de los fenómenos cultural-natural está asociada a cierta epistemología modernista que impide tener copresentes las entidades naturaleza y cultura. Esto puede resolverse aplicando el método de la sociología de la traducción, lo cual se lleva a cabo identificando cuatro momentos específicos:

1. La problematización. Los científicos procuran definir el objeto o la cuestión de la investigación, de manera que otros actores encuentran un interés en ese objeto o en esa cuestión y acoten su definición.
2. La participación. Es aquella en la que los investigadores sellan alianzas con los actores asociados a la problemática, construyen su sistema de alianzas formando estructuras sociales específicas e interrumpiendo posibles asociaciones competidoras.
3. El enrolamiento. Es el mecanismo por el cual un rol es definido y atribuido a un actor que lo acepta. Ese rol no se halla necesariamente predefinido, sino que es progresivamente construido y estabilizado durante esta etapa.
4. La movilización. Los diferentes actores se asocian unos con otros a través de sus voceros La designación de voceros permite reducir el número de interlocutores y homogeneizar los puntos de vista, los intereses y los lenguajes: permite enton-

ces convertir grupos heterogéneos y numerosos en una cantidad de entidades homogéneas y, por lo tanto, traducciones encaminadas a representar socialmente al conjunto de actores (Martin, 2003: 56).

Metodológicamente, los procesos de traducción y de emergencia de los actores-redes deben respetar tres principios. Primero: el principio de simetría humano/no humano estipula que el sociólogo debe tener en cuenta, a la vez, a los científicos y sus comportamientos, los resultados, los conocimientos y las experiencias sobre la naturaleza. El verdadero actor social es un híbrido, compuesto simultáneamente de humanos y no humanos. Segundo: el principio del seguimiento de las circunstancias y asociaciones precisa que es necesario seguir las entidades humanas y no humanas en sus desplazamientos, en sus transformaciones, en sus ajustes, en suma en sus traducciones. Tercero: en el principio de no clausura, los laboratorios pueden tener fronteras administrativas, pero las entidades que allí son manipuladas y creadas no conocen fronteras (los investigadores y los hechos/resultados salen y se insertan en otros espacios) (Martin, 2003; Saldanha y De Oliveira, 2005).

En síntesis, podría decirse que después de haberse inspirado en el programa fuerte de la sociología de la ciencia, Callon y Latour tratarían de construir una metodología capaz de aprehender simultáneamente las construcciones sociales de la ciencia, la tecnología y la sociedad. En el trabajo de Arellano (1999) se aborda la íntima interrelación entre elementos técnico-científicos y sociales, a propósito de la elaboración de semillas de maíz mediante el mejoramiento genético. En este trabajo se advierte esta asociación de esquemas científico-técnicos de mejoramiento de maíz y su correspondiente esquema social, sin que el polo social sea preminente o sea el técnico-científico o viceversa. Aquí la noción de red sociotécnica cobra expresión como la traducción de elementos técnico-científicos con los sociales que realizan los investigadores en sus confrontaciones con la naturaleza del maíz. Cabe señalar que este trabajo era una etnografía de mejoramiento genético sobre la intervención de técnicas de la biología molecular; en cambio, el presente trabajo aborda la forma como se reconfigura la relación naturaleza-cultura, en la modificación genética de plantas mediante técnicas de la biología molecular aplicadas en la ingeniería vegetal.

La relación de naturaleza y cultura ha sido desarrollada por la antropología desde diferentes enfoques, el que nos interesa a nosotros es aquel que aborda las relaciones entre el hombre y el medio ambiente, en términos de relaciones entre humanos y no humanos sin establecer una dicotomía central; este enfoque es creado por Descola[14] y él mismo lo ha denominado *antropología de la naturaleza* (Sepúlveda y Arellano, 1997).

La antropología de la naturaleza que propone Descola se ubica en la búsqueda de una alternativa epistemológica para comprender la relación hombre-naturaleza que permita entender los nexos que existen entre humanos y no humanos, que no estén basados en una perspectiva determinista materialista, o bien, en una perspectiva simbólica de interpretación particular de la naturaleza por cada cultura. La crítica principal de Descola se encuentra en el dualismo naturaleza-culturas que da sentido a la ciencia occidental, particularmente la antropología, en donde la naturaleza es considerada como un campo de fenómenos que se desarrollan independientemente de la acción humana.

[14] Dentro de los estudios contemporáneos de las sociedades amazónicas, Descola pertenece a la vertiente "economía simbólica de alteridad" de inspiración estructuralista, interesada en el estudio de interrelaciones entre las sociologías y en las cosmologías nativas (Viveiros, 2002).

Esta dicotomía tiene dos limitantes de carácter antropológico: la primera es que no corresponde con la práctica de numerosas sociedades premodernas, y la segunda es que tampoco se relaciona con la de ciertos ámbitos del mundo moderno. Por lo tanto, esta división no sólo es inadecuada para entender sociedades que no conceptualizan espontáneamente una distinción entre naturaleza y cultura, sino que también lo es para entender los procesos que se dan en la construcción del conocimiento científico en el mundo moderno (Sepúlveda y Arellano, 1997).

Descola reconoce una crisis en la antropología, por lo que propone dejar atrás la comparación de las culturas, entendiendo lo natural como lo perteneciente al ámbito de la antropología biológica y física; ahora la búsqueda consiste en entender las diferentes nociones de naturaleza y cultura de los diferentes colectivos y momentos históricos de los mismos, incluyendo los diferentes desarrollos y versiones de las ciencias como una de entre muchas cosmologías (Sánchez, 2005).

Metodología

La metodología aplicada a la investigación se sustenta en las propiedades metodológicas de la noción de red, que dentro de la Sociología de la traducción, llamaremos la red sociotécnica; en ella se podrán identificar las relaciones socionaturales, a partir de la investigación en ingeniería vegetal, en México. Las herramientas metodológicas se ubican dentro del marco de la observación etnográfica del trabajo científico.

En la etnometodología del trabajo científico desarrollada por Lynch, se advierte el carácter social de la actividad científica representado por el trabajo técnico y profesional que los científicos realizan en sus laboratorios día tras día. Específicamente, Lynch otorga el estatuto de discusiones epistemológicas y científicas a las prácticas que los investigadores emprenden como observaciones, representaciones, mediciones, descubrimientos, teorizaciones (Lynch y McNally, 2006).

> Según la etnometodología, la simultaneidad en la construcción de hechos científicos y su contexto corresponde con la formación de nociones técnicas de la naturaleza y de nociones sociales. De esta forma, todas las situaciones científicas estudiadas corresponden a la relatividad absoluta de las percepciones de la realidad (Arellano, 1999: 61).

De acuerdo con Arellano debemos tomar la recomendación de los etnometodólogos de prestar atención a las concepciones sociales trasmitidas por los naturalistas a los estudiosos de la investigación. Se trata de no amputar las nociones sociales de los científicos de la naturaleza y de evitar que sean monopolizadas por los sociólogos. En ese sentido, nuestra tarea será descubrir el problema del orden social, básicamente en los pormenores de las actividades cotidianas de los científicos y, de este modo, hacer accesible a la investigación la actividad de los científicos expuesta como una actividad organizada "naturalmente".

En este trabajo emplearemos la perspectiva etnográfica que nos permita entender la simultaneidad en la construcción de hechos científicos y de su contexto. El desafío metodológico consistirá en lograr interpretar la actividad científica en dos aspectos; el primero, en las relaciones que los científicos mantienen con las pulsiones de la naturaleza, y el segundo, las relaciones que ellos mantienen con otros colectivos.

De acuerdo con Rockwell (2001) la palabra etnografía se ha entendido como una forma de proceder en la investigación de campo, lo que ha provocado que tenga muchas acepciones.

Una de las más conocidas la concibe como una rama de la antropología que acumula conocimientos sobre realidades sociales y culturales particulares en un tiempo y en el espacio; en ese sentido, tanto los positivistas como los estructuralistas y los fenomenólogos la consideran como el proceso de recolección de la materia prima.

Pero más allá de la exclusiva recolección de datos, Geertz (1998) llama la atención hacia erradicar la idea de que la etnografía se limita al establecimiento de relaciones, a la selección de los informantes, al establecimiento de genealogías o al trazo de mapas junto con el desarrollo del libro de diario. Una verdadera etnografía puede incluir las actividades mencionadas anteriormente, pero su fortaleza se encuentra en el esfuerzo intelectual; una especulación de lo que Geertz denomina la "descripción densa". En ella considera que el objeto de la etnografía es una jerarquía estratificada de estructuras significativas, que atiende a las circunstancias en las cuales se producen, se perciben y se interpretan. En ese sentido, el análisis consistirá en desentrañar una multiplicidad de estructuras conceptuales complejas, las cuales el etnógrafo deberá captar e interpretar.

En palabras de Geertz, una etnografía "es como tratar de leer (en el sentido de interpretar un texto) un manuscrito extranjero, borroso, plagado de elipsis, de incoherencias, de sospechosas enmiendas y de comentarios tendenciosos y además escrito, no en las grafías convencionales de representación sonora, sino en ejemplos volátiles de conducta modelada" (Geertz, 1998: 16).

Goetz y LeComte (1988) establecen que la etnografía se puede ubicar dentro de esta nueva tradición "interpretativa" que indaga cómo los distintos actores humanos construyen y reconstruyen la realidad social mediante la interacción con los restantes miembros de su comunidad y para ello es necesario tener en cuenta las interpretación que ellos mismos realizan del porqué y para qué de sus acciones y de la situación en general. Esto se debe a que reconocen que los individuos crean interpretaciones significativas de su entorno social y físico, de los comportamientos e interacciones de las personas y objetos de su medio ambiente. En ese sentido, las investigaciones etnográficas son una alternativa que recoge esta nueva filosofía interpretativa y reconstructiva de la realidad, pues los etnógrafos intentan descubrir y reconstruir de forma sistemática las características de las variables y fenómenos con el fin de generar y perfeccionar categorías conceptuales, descubrir y validar asociaciones entre fenómenos, o comparar los constructos y postulados generados (Goetz y LeComte, 1988).

Resumiendo, encontramos que la etnografía en la investigación social requiere un tratamiento teórico-metodológico, además de un esfuerzo intelectual consistente y detallado que permita la interpretación correcta de la realidad que se pretende estudiar. Cabe señalar que no descartamos las actividades de campo que se realizan para hacer una etnografía, pero es importante mencionar que todas ellas cuentan con un sustento teórico y metodológico que aumenta el nivel de complejidad de la interpretación etnográfica.

Dentro del campo de los estudios sociales de la tecnociencia, nos concentraremos en el Programa Constructivista y los Estudios de Laboratorio; este Programa es promovido por Latour, Woolgar (1979) y Knorr-Cetina (1981), principalmente. Los autores del Programa Constructivista se interesan en demostrar la naturaleza socialmente contingente de los procesos de la construcción del conocimiento y la forma como se construye el conocimiento de manera sistemática, organizado a partir de actividades aparentemente desordenadas.

El Programa Constructivista se interesa en la construcción de los "hechos científicos", los cuales son construidos por los seres humanos que, desde una organización, trabajan en un medio cambiante y están en una constante búsqueda de éxito. En otras palabras, los científicos se guían por fines personales y que pueden cambiar con flexibilidad ante las circunstancias. En este sentido, la actividad científica es una forma de trabajo que transforma el desorden natural y social en orden, de esta forma se construyen contextual y socialmente "los hechos sociales". En este Programa, el proceso de construcción del conocimiento se ubica en el estudio del trabajo de laboratorio, porque considera que la organización de la actividad social del laboratorio refleja la naturaleza social de la ciencia.

Con base en lo anterior, el Programa Constructivista describe las estrategias individuales y las interacciones que permiten "manufacturar" el conocimiento. Para ello, utilizan métodos etnográficos porque consideran que es necesario integrarse en el laboratorio, observando las prácticas de los científicos, como si éstos formaran parte de una cultura diferente. Resaltan el papel del lenguaje y la comunicación entre los científicos, ya que el núcleo del trabajo del laboratorio es la codificación ordenada y selectiva de ítems de información dispersos y desorganizados. Este proceso de codificación científica en los laboratorios culmina con la redacción de informes científicos construidos lingüísticamente con información sistematizada (González y Sánchez, 1988). En esta investigación se emplea la entrevista como el medio para obtener los datos de la construcción de un proceso de investigación, la cual se lleva a cabo durante las estancias en el laboratorio.

En México, la investigación sociológica, y particularmente desde los estudios sociales de la ciencia y la tecnología, las investigaciones sobre la modificación genética en plantas pueden ubicarse en dos planos; en el primero, los científicos sociales se han interesado por estudiar los impactos de una disciplina, entre los cuales podemos destacar temas como el análisis de las repercusiones políticas y socioeconómicas en México (Casas, 1991; Massieu, 2004); los que analizan las tendencias del sector alimentario (Casas, 1993); los relacionados con los impactos de la biotecnología en la sociedad (Gálvez, 2004; Chauvet *et al.*, 2004); los relacionados con las patentes de nuevos organismos genéticos (González, 2004); los que se interesan por los riesgos latentes ante la investigación y liberación de organismos vegetales genéticamente modificados (Padilla, 2004; Olivé, 2004; Toledo, 2004). En el otro plano, se encuentran los trabajos de aquellos que se han interesado por estudiar la investigación biotecnológica en plantas como el proceso de institucionalización de una disciplina (Arellano, 1991; Kreimer, 2005) y los que analizan los factores sociales de la tecnociencia y la materialidad de las relaciones sociales mediante el estudio del proceso de mejoramiento genético del maíz en México (Arellano, 1999). Este trabajo está inserto en este último plano. Cabe señalar que el origen de esta investigación se encuentra en la etnografía de la investigación en biotecnología del maíz, la cual se realizó durante 1996 al 1999 en los seis laboratorios más importantes en biotecnología vegetal en México (Arellano y Ortega, 2002; Arellano y Ortega, 2005). De esa forma, tuvimos acceso al proyecto de colaboración para el mejoramiento transgénico de la papa, entre el Centro de Investigación y Estudios Avanzados Unidad Irapuato (Cinvestav-I) y la empresa Monsanto, el cual comenzó en 1991 y concluyó en 1999; nuestras observaciones y entrevistas a los implicados inician desde 1999 hasta junio de 2004.

Las particularidades metodológicas que enfrentamos en esta investigación estarán en función de los elementos que integran cada una de las dimensiones de la red sociotécnica: simbólica, material y social.

La *dimensión simbólica* se refiere a los elementos narrativos que sincronizan y regulan la vida de los actores; ésta es construida por los propios actores y sirve para ordenar las diferentes acciones que se realizan en un contexto determinado. Esta dimensión está formada por dos elementos: la formulación de hipótesis y la delimitación de los actores de la red. La primera significa:

> La puesta en escena de los problemas y sus posibles soluciones. Hipótesis alude a los esfuerzos de los investigadores para ofrecer soluciones a problemas descritos por ellos mismos. Dicho de otra forma, la hipótesis es una construcción simbólica mediante la cual los investigadores relacionan problemas y soluciones en un solo haz (Arellano, 1999: 88).

La *dimensión material* se refiere al sustrato que posibilita y sobre el que se realizan actos y gestos tecnológicos. La dimensión material está representada por lo que Habermas (1981) denomina la "naturaleza externa" al ser humano, y por los instrumentos con los que se ejerce la intervención sobre la materia. En esta investigación nos interesamos en las características de la infraestructura del laboratorio en ingeniería vegetal, la disposición de los recursos y su relación con los recientes avances en biotecnología vegetal. Encontraremos que uno de los aspectos del proyecto de colaboración está en función de estabilizar el saber hacer de un proceso tecnológico, pero también es importante la calidad y pertinencia de la infraestructura. El hilo que conecta los elementos materiales con los simbólicos es la caracterización de la infraestructura existente, pues ésta manifiesta el grado de estabilidad de una tecnología.

Finalmente, la *dimensión social* se refiere a la movilización e interacción de los actores en torno a la investigación en ingeniería genética. Los elementos que integran esta dimensión son las características generales de los científicos y el espacio de negociación que crean alrededor de los actores que participan en la red para realizar un análisis del estado de ésta. El espacio de negociación consiste en la interdependencia constitutiva entre el contexto y el contenido de la investigación:

> Un espacio de negociación es un territorio al interior del cual los científicos disponen de importantes márgenes de maniobra y beneficiándose del apoyo (relativamente) incondicional de los actores que les han ubicado en situación (Callon, 1989: 83; en Arellano, 1999).

A esta noción se incorpora la idea de que el espacio de negociación es simultáneamente un tiempo de negociación. Esto quiere decir que los márgenes de maniobra tienen un territorio, pero también un periodo; en ese sentido, la construcción de este espacio de negociación va de la mano con los elementos materiales, específicamente en las demandas de los científicos respecto a la infraestructura y la pertinencia que ésta tiene para la investigación tecnológica.

Delimitación del tema de estudio

Frente a los trabajos convencionales del estudio de la ciencia y la tecnología derivados del determinismo tecnológico y del determinismo social, en nuestro trabajo estudiaremos la construcción de una red de investigación en ingeniería genética vegetal. Por esta razón, pretendemos aludir a la condición de la investigación mediante referencias del grado de formación, estabilidad y consolidación de la función de investigación y utilizando la noción de red sociotécnica. Es por eso que, al aplicar las propiedades metodológicas derivadas de la acepción de red desarrollada por Latour, nos proponemos estudiar la investigación en la manipulación genética de variedades de papa, conformada desde un proyecto de colaboración entre un instituto de investigación en biotecnología de plantas y una empresa trasnacional, mediante la observación y análisis de la construcción de una red en donde convergen científicos, empresarios, funcionarios, miembros de los grupos ecologistas, productores, plantas, virus y genes.

En México, los estudios sobre el desarrollo del conocimiento científico y tecnológico de la década de los setenta del siglo pasado están relacionados con la transferencia de tecnología (Wionczek, 1971; De Maria y Campos, 1974; Álvarez, 1976), la transformación tecnológica agrícola (Barbabosa, 1976; Boltvinik, 1976; Tuckman, 1976) y la planeación de la ciencia y la tecnología en México (Hodara, 1970; Leff, 1976; Nadal, 1977), entre otros. Podemos decir que en este periodo se inicia la formación de grupos de trabajo y las corrientes de opinión en torno a la necesidad de hacer frente a estas problemáticas (Dilmus, 1978).

Respecto a los estudios sociales de la biotecnología, la reflexión se ha basado en la necesidad de definir las condiciones y las limitaciones de la ciencia y la tecnología (Casas, 1991 y 1993) para determinar los efectos reales de su aplicación en la sociedad y, finalmente, definir las orientaciones de la política científica y tecnológica hacia la obtención de repercusiones sociales y económicas (Massieu, 1997; Chauvet, Massieu y González, 2004).

Reconocemos que son escasos los estudios que abordan la relación hombre-naturaleza y se enfrenten con los procesos sociales involucrados en la generación de tecnologías, y que den cuenta además de la manera en que los científicos trabajan en sus laboratorios, los problemas cotidianos a los que se enfrentan y las soluciones que proponen de acuerdo con sus posibilidades creativas.

En este trabajo se analizarán las relaciones socionaturales que se gestan en un proyecto de colaboración, entre una empresa tecnológica y un laboratorio en biotecnología de plantas, a propósito de la investigación, para conferir mediante la ingeniería genética, resistencia a los virus PVX y PVY[15] a ciertas variedades mexicanas de papa.

El análisis de la red lo abordaremos de acuerdo con la periodización de los acontecimientos que resaltan en el desarrollo del proyecto del Centro de Investigación y Estudios Avanzados Unidad Irapuato (Cinvestav-I). Cabe señalar que la construcción de lo social no está en función de la cantidad de las personas, oficinas o empresas formadas; más allá de los números, lo social es la fundación de nuevas relaciones socionaturales de cada uno de los actores.

Nuestro interés en estudiar la construcción de una red sociotécnica, en este proyecto, se sustenta en tres razones; la primera se debe a que el proyecto de colaboración-transferencia representa la primera iniciativa y la más avanzada en el país para volver realidad la "promesa" de la biotecnología de contribuir a la dinamización de sectores primarios en países de menos desarrollo (Chauvet *et al.*, 2004 y Rivera, 1996). La segunda razón se debe a que la ingeniería genética es una de las tecnologías de vanguardia, como lo son las características del laboratorio, la forma de organización de una disciplina, la

[15] La papa puede llegar a hospedar alrededor de 25 virus, entre los cuales se encuentran el virus del enrollamiento de la hoja de la papa (PLRV), el virus X de la papa (PVX) y el virus Y de la papa (PVY). El PVY disminuye la producción hasta 80 por ciento, reducción que depende de la variedad de papa y de la variante del virus «www.cipotato.org» 07/06/2001. El PVX es de distribución mundial y, debido a que por lo general provoca síntomas benignos en plantas, se consideró por mucho tiempo un virus inofensivo; sin embargo, puede disminuir la cosecha 10 por ciento (Harrison, 1971 en Chauvet *et al.*, 2004).

convergencia de otras disciplinas, el surgimiento de nuevas disciplinas. La tercera razón es el valor de la papa como cultivo en México, por su producción, y como objeto de investigación. La papa es el cuarto cultivo alimenticio en orden de importancia en el nivel mundial después del maíz, el arroz y el trigo (Chauvert *et al.*, 2004).

Esta investigación biotecnológica facilita la observación de los cambios en las relaciones naturaleza-sociedad que han ocurrido a propósito de la investigación biotecnológica.

Capítulo II

El nacimiento de la red sociotécnica en investigación en ingeniería genética de la papa en México

En este capítulo, centraremos nuestra atención en las características generales del proyecto de colaboración entre los sujetos y los objetos implicados, en la investigación de la papa transgénica resistente a virus. Presentaremos el origen del proyecto de investigación en ingeniería genética en México, mediante la entrada de los científicos en este escenario y la serie de acontecimientos que han conducido al establecimiento de una red sociotécnica. Retomaremos las posiciones y los desafíos de una comunidad científica interesada en ligar la generación de plantas resistentes a virus con el desarrollo de una disciplina en un centro de investigación público en biotecnología. Intentaremos mostrar la manera como los científicos crean espacios sociales de negociación y devienen agentes indispensables de la investigación; particularmente, trataremos de mostrar que los científicos:

> Recrean relaciones entre el contexto y el contenido de la investigación y problematizan las opciones técnicas, estableciendo los esquemas que dan identidad a los actores en juego, definiendo los intereses, los objetivos y las maneras de acción de los actores (Arellano, 1999: 73).

El contenido de este capítulo es el siguiente, en primer lugar, describiremos a los principales actores que conforman nuestra red sociotécnica: la papa (*Solanum tuberosum*), los científicos y los empresarios. Enseguida, abordaremos la puesta en escena de los científicos por la acción de los políticos y otros actores sociales: la estrategia que los científicos escogieron para tener éxito en sus negociaciones con la naturaleza y el resto de los actores. Finalmente, mostraremos la constitución de la red papa, así como la consolidación de los actores y la eliminación de otros.

Los integrantes de la red sociotécnica

La papa y su papel en el esquema de alimentación mundial y nacional

La papa (*Solanum tuberosum*) es una planta herbácea anual que alcanza una altura de un metro y produce un tubérculo (la papa misma), con abundante contenido de almidón. La papa pertenece a la familia de floríferas de las solanáceas, del género *Solanum*, formado por otras 1,000 especies por lo menos, como el tomate y la berenjena. El *Solanum tuberosum* se divide en dos subespecies apenas diferentes: la *andigena*, adaptada a condiciones de días breves y cultivada principalmente en Los Andes; y *tuberosum*, la variedad que hoy se cultiva en todo el mundo y se piensa que desciende de una pequeña introducción en Europa de papas *andígenas*, posteriormente adaptadas a días más prolongados.[16]

En el continente americano hay unas 200 especies de papas silvestres, pero fue en Los Andes centrales donde los agricultores lograron seleccionar y mejorar lo que habría de convertirse, en una enorme variedad de cultivos del tubérculo. Lo que hoy se conoce como "papa" (*Solanum* especie *tuberosum*) con-

[16] www.fao.org, 10/07/2008.

tiene apenas un fragmento de la diversidad genética de las siete especies reconocidas de papa y las 5,000 variedades que se siguen cultivando en Los Andes.[17]

Pese a que la papa es un producto originario de América, la principal zona productora no está en el continente americano, sino en países asiáticos y europeos. Asia y Europa son las principales regiones productoras de papa del mundo y, en 2006, suministraron 80 por ciento de la producción mundial. Si bien en África y América Latina las cosechas fueron de un volumen mucho menor, la producción fue extraordinaria. América del Norte fue el primer productor indisputable del continente, con más de 40 toneladas por hectárea.

Las variedades de papa se clasifican en dos: variedades industriales, que se caracterizan por su alto contenido de féculas (alrededor de 20 por ciento); son resistentes al frío y a las enfermedades, generalmente tardías; la pulpa está formada por células grandes y de color blanco. La otra variedad son las papas de gran consumo, que se caracterizan porque tienen la pulpa blanca formada por células pequeñas; son utilizadas tanto en la alimentación humana como en la de algunos animales domésticos y también se emplean para la extracción de fécula.

El cultivo de la papa en México resulta de gran importancia por dos aspectos fundamentales; el primero es su elevado valor nutricional. La papa es una de las principales hortalizas que se producen en México; su cultivo es uno de los más importantes en el renglón alimenticio y, al igual que en todos los países, sólo es superado por el maíz, el frijol, el trigo y el arroz.

El valor alimenticio de la papa radica en su alto contenido de carbohidratos, ya que aporta aminoácidos esenciales, vitaminas y minerales. Una papa de tamaño mediano contiene alrededor de la mitad de los requerimientos diarios de vitamina C de una

[17] www.cipotato.com, 12/05/2002.

persona adulta (véase figura 1). Otros cultivos de primera necesidad, como el arroz o el trigo, no poseen ninguno. La papa es muy baja en grasa, con sólo 5 por ciento del contenido de grasa del trigo y una cuarta parte de las calorías del pan. Sancochada, tiene más proteína que el maíz y casi el doble de calcio.[18]

Figura 1
Contenido nutricional de la papa

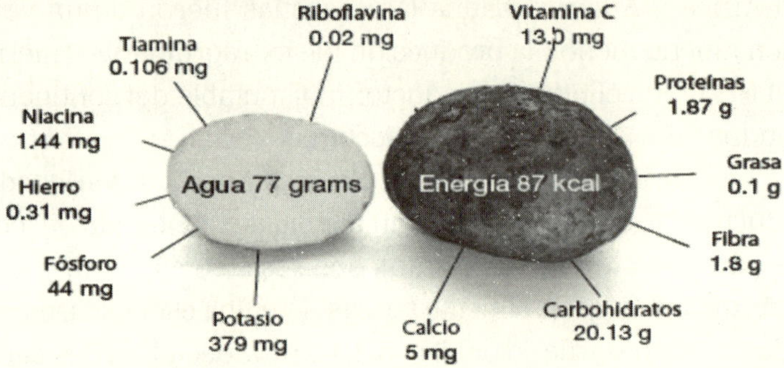

Fuente: www.fao.org, 22/05/2008.

El segundo aspecto es su importancia como fuente de trabajo, pues su producción demanda gran cantidad de jornadas de trabajo durante la siembra, cosecha y comercialización. Actualmente en México la producción de papa se realiza en 25 estados de la República.

La principal problemática que enfrenta la producción de papa en el nivel nacional se relaciona con los aspectos fitosanitarios (presencia excesiva de plagas y enfermedades, causadas por bacterias, hongos y virus). La razón fundamental de esta problemática se encuentra en las características de la papa, pues pertenece a las especies que se propagan en forma vegetativa o asexual, a través de tubérculos, por lo que la producción

[18] www.cipotato.com, 12/05/2002.

Cuadro 1
Superficie sembrada, producción y rendimiento
del cultivo de papa en México

Estado	*Superficie sembrada (hectáreas)*	*Producción (toneladas)*	*Rendimiento tonelada/hectárea*
Sinaloa	13,303	372,596	28.00
Sonora	7,913	219,303	27.71
Estado de México	8,057	179,557	22.28
Chihuahua	7,953	176,893	22.24
Michoacán	5,906	150,366	25.46
Guanajuato	5,408	126,618	23.41
Nuevo León	2,872	91,054	31.70
Jalisco	2,540	84,353	33.20
Veracruz	5,023	76,004	15.13
Coahuila	2,107	71,421	33.89
Zacatecas	1,719	64,017	37.24
Puebla	4,228	59,751	14.13
Resto	7,133	108,067	15.15

Fuente: Elaboración propia, datos del Servicio de Información y Estadística y Agroalimentaria y Pesquera, www.siap.sagarpa.gob.mx, 12/02/2005) y www.conpapa.org, 13 /02/ 2006.

obtenida de semillas de mala calidad o contaminadas conserva estas características negativas. A este aspecto fitosanitario se suman problemas como el poco uso de semilla de calidad genética y sanitaria, debido a la presencia de intermediarismo en la comercialización de la cadena agroalimentaria.

Los científicos mexicanos

El Cinvestav-I nació en enero de 1981 con el objetivo de realizar biotecnología vegetal e ingeniería genética de plantas, respondiendo a un Programa de Descentralización del Instituto Politécnico Nacional (Álvarez, 1996). Para esa época, la institución contaba con investigadores en virología vegetal, pero no trabajaban sobre un enfoque biomolecular ni transgénico para resolver problemas virales. En su organización académica, el Cinvestav-I está integrado por la Unidad Irapuato, que alberga dos departamentos: el de ingeniería genética y el de biotecnología y bioquímica, además del recién creado Laboratorio Nacional de Genómica para la Biodiversidad (Langebio).[19]

Dentro del Departamento de Biotecnología y Bioquímica se desarrolla investigación en dos áreas de la biología moderna:

a) Bioquímica y biología molecular de plantas. Relacionada con investigación en bioenergética, biomembranas, metabolismo secundario, bioquímica, fisicoquímica y biología molecular de diferentes macromoléculas como proteínas, almidones y lípidos. Uno de sus objetivos es la generación de materiales genéticos con mejor comportamiento agroalimentario.

b) Biotecnología de la protección de vegetales. En esta área se trabaja la investigación en el control biológico de enfermedades y plagas de importancia agrícola, específicamente los aspectos bioquímicos, ecológicos, genéticos y moleculares implicados en aspectos básicos y aplicados en la interacción planta-patógeno.[20]

Respecto al Departamento de Ingeniería Genética, éste se especializa en el uso de técnicas de biología molecular e ingeniería genética. Su objetivo principal es contribuir a la solución de problemas agrícolas relacionados con la generación de

[19] El Langebio es una unidad nueva del Cinvestav-I que fue creada en abril de 2005; este laboratorio se enfoca al estudio de procesos de desarrollo, diferenciación, metabolismo en plantas y microorganismos, así como estudios evolutivos, de procesos biológicos específicos y de diversidad biológica de plantas y microorganismos originarios de México, utilizando herramientas genómicas, www.ira.cinvestav.mx, 03/09/2005.

[20] www.ira. cinvestav.mx, 12/09/2007.

variedades resistentes a diversos patógenos (bacterias, hongos y virus), así como a la producción de frutos con una vida prolongada de anaquel.[21] Con base en lo anterior, el Cinvestav-I es la institución más importante en investigación y docencia en materia de transformación genética de plantas en nuestro país; su fortaleza académica e institucional está en función del trabajo de cabildeo entre los científicos o la creación de espacios de negociación.

Perteneciente al Departamento de Ingeniería Genética, se encuentra el Laboratorio de Virología, fundado por el doctor Rafael Francisco Rivera Bustamante en 1989; desde sus inicios hasta la fecha, las principales líneas y proyectos del laboratorio han sido en geminivirus. Estos patógenos de plantas se han convertido en el modelo principal, por dos razones; la primera, debido a que son muy dañinos para la agricultura y, la segunda, se debe a sus características generales que lo convierten en un modelo para estudiar algunos procesos en plantas. Este laboratorio fue el enlace de trabajo para realizar el proyecto de colaboración entre la empresa Monsanto y el Cinvestav-I.

> Los que participaron en el proyecto fueron tres personas, Trino[22] Ascencio, Rosa María Rangel y yo. Ellos dos son auxiliares de investigación, es el nombre oficial, ellos estuvieron allá un año cada uno, yo sólo iba a laboratorio, a veces a las pruebas de campo, pero nunca estuve una temporada grande (Rivera, 2001: c.p.).[23]

El doctor Rafael Francisco Rivera Bustamante es investigador titular en el Cinvestav-I, doctor en Ciencias con especia-

[21] www.ira.cinvestav.mx, 11/03/2004.

[22] Se refiere al doctor José Trinidad Ascencio Ibáñez, decidimos transcribir el nombre utilizado en la entrevista para respetar la estructura de la misma.

[23] c.p. significa conversación personal y se cuenta con el respaldo grabado.

lidad en Biología, en la Universidad de California, Riverside, Estados Unidos, y es investigador nacional Nivel III. El doctor José Trinidad Ascencio-Ibáñez en ese tiempo se encontraba realizando sus estudios de doctorado y trabajaba en el Laboratorio de Virología con el doctor Rivera desde 1990.

> Como becario de la FR en el proyecto de colaboración entre la empresa Monsanto y Cinvestav-I tuvo la tarea de aprender el empleo de ensayos de expresión transitorios, ensayos de protección viral sobre plantas transgénicas, purificación de virus, inoculación de virus y evaluación de desarrollo de enfermedad viral. Todo este trabajo de aprendizaje se realizó para apoyar el proyecto de papas, desarrollando un vector mejorado para conferir resistencia a PVX y PVY; vector original experimental que no podía producir los materiales de valor potencial comercial (Rivera, 2002: c.p.)

La doctora Rosa María Rangel Cano trabaja en el Laboratorio de Virología desde 1994; su trabajo doctoral se construyó dentro de este proyecto de investigación.

> El entrenamiento consistió en familiarizarse con los procedimientos de transformación y regeneración de papas Russet Burbank, para la resistencia a PVX y PVY. Ella tuvo que evaluar el potencial de estos métodos para el empleo con la variedad de papa Alfa. La doctora Rangel descubrió que la eficacia de la transformación era aún más alta para la Alfa que para la papa Russet Burbank. Con estos resultados, ella seleccionó y propagó un número de las líneas recién desarrolladas experimentales, para prueba sobre el terreno en Prosser, Washington, en colaboración con el Grupo de Virología en Universidad de Estado de Washington (Rivera, 2002: c.p. y Rangel, 2005: c.p).

El trabajo de la doctora Cano en el Laboratorio de Virología consiste en apoyar todo lo relacionado con transformación de plantas, evaluación de líneas transgénicas, en el desarrollo de las tesis de los estudiantes.

El Servicio Internacional para la Adquisición de Aplicaciones Agrobiotecnológicas

El origen del ISAAA se encuentra en la Fundación para el Desarrollo de los Recursos (por sus siglas en inglés RDF) creada por el fondo de los hermanos Rockefeller en la década de los ochenta del siglo pasado. Esta Fundación creó un Programa de Cooperación Internacional en Biotecnología, conjuntamente con la Fundación Hitachi; este programa tenía como objetivo transferir biotecnologías a los países en vías de desarrollo. En un cambio de estrategia, el programa se independizó de la RDF, con el nombre de Servicio Internacional para la Adquisición de Aplicaciones Agrobiotecnológicas (ISAAA); su primer director fue el doctor Clive James, quien fuera director del Centro Internacional de Mejoramiento del Maíz y el Trigo (CIMMYT).

El ISAAA inicia sus actividades con más de un millón de dólares aportados por un donante anónimo y continúa con apoyo de la Fundación Rockefeller, la estadounidense Agencia Internacional para el Desarrollo (USAID por sus siglas en inglés), las empresas Novartis, Monsanto y AgrEvo. El primer centro ISAAA se inauguró en 1992, dentro de la Universidad de Cornell en Estados Unidos. También se creó uno en Europa en el Instituto John Innes del Reino Unido, uno en Asia en el Technova Inc de Japón, en África en la oficina regional del Centro Internacional de la Papa (CIP) y en las instalaciones del Instituto Internacional de Investigación Ganadera en Kenia; y otro en el sudeste asiático, en las instalaciones del Instituto Internacional de Investigaciones del Arroz en los Baños, Filipinas (Grain, 2006).

La estrategia de ISAAA consiste en generar las posibilidades de transferir tecnologías biotecnológicas, elaboradas y patentadas por poderosas empresas privadas de investigación, desarrollo y comercialización de productos transgénicos. Considerando las potencialidades de la ingeniería genética en la producción de alimentos a gran escala y ante las dificultades para la transferencia directa de estas empresas a los países del "sur", el ISAAA promueve lo que denomina "asociaciones globales", entre el sector privado del norte con los sectores públicos del sur. En estas asociaciones el ISAAA se asume "intermediario" al contar con la capacidad de reunir a las partes. En el caso de los proyectos que ha establecido el ISAAA en América Latina, se encuentran en el siguiente cuadro:

Cuadro 2
Algunos de los proyectos del ISAAA en América Latina

Proyecto	*Socios en el sur*	*Socios en el norte*
Diagnóstico de enfermedades del maíz	EMBRAPA (Brasil)	Pioneer Hi-Breed International (EU)
Gen marcador para mandioca transgénica	CIAT (Colombia)	Novartis Semillas (EU)
Papa transgénica resistente al PVX-PVY-PLRV	Cinvestav, Inifap (México)	Monsanto (EU)

Fuente: Grain, 2000.

Compañía Monsanto

La Compañía Monsanto fue fundada en 1901, en St. Louis Missouri, y es considerada como el prototipo de la empresa capitalista estadounidense. Por más de 100 años, ha incursionado en el desarrollo tecnológico químico y físico de primer nivel.

La fortaleza de Monsanto se ha incrementado mediante la compra de distintas compañías, pero fue la adquisición de la mexicana Seminis la que le ha dado más poderío: controla aproximadamente 38 por ciento del mercado de semillas de frijol, pepino, chile, pimiento, tomate y cebolla. En 2005 presentó la propuesta de adquisición de la firma Delta Pine, la cual, junto con el Departamento de Agricultura de Estados Unidos, desarrolló la tecnología Terminador; una semilla que se aniquila a sí misma para no ser utilizada en posteriores ciclos productivos, la transacción aún es analizada por la comisión de competencia en el país (Ribeiro, 2006).

Cabe señalar que Monsanto tiene 80 por ciento del mercado de las plantas transgénicas, seguida por Aventis con 7 por ciento Syngenta (antes Novartis) con 5 por ciento, BASF The Chemical Company con 5 por ciento y DuPont con 3 por ciento. Estas empresas también producen 60 por ciento de los plaguicidas y 23 por ciento de las semillas comerciales.[24] La superficie mundial de cultivos biotecnológicos aumentó en 2007 12 por ciento (12.3 millones de hectáreas más), hasta alcanzar los 114.3 millones de hectáreas, lo que supone el segundo aumento más importante de esta superficie en los últimos cinco años (James, 2007).

Para entender la estrategia de penetración de las empresas trasnacionales de la biotecnología, vale la pena señalar que Monsanto junto con otras empresas como Dupont/Pioneer, Bayer, Syngenta y Dow Agrosciences formaron en 1999 la asociación civil Agro Bio-México. Este conjunto de empresas tiene como función: "representar a la industria relacionada con la biotecnología agrícola para colaborar en el desarrollo de políticas y regulaciones nacionales que fomenten el cuidado del medio ambiente y la salud, además de la inversión y la transferencia de tecnología" (Miderhoud-Jones, 2001: 14).

[24] www.rebelion.org/ecologia, 12/11/2007.

En 1990, los investigadores de la empresa Monsanto de St. Louis Missouri, Estados Unidos, establecieron el protocolo de transformación y regeneración de la variedad de papa Russet Burbank, que mostró resistencia adecuada a los virus X y Y (Rivera y Villalobos, 1999).

La Fundación Rockefeller

La FR es una institución filantrópica estadounidense y su incursión en México se presenta desde principios del siglo XX.[25] Su fundador fue John D. Rockefeller y sus actividades dieron inicio bajo una filosofía que pregona "ampliar las oportunidades de las personas más pobres o vulnerables en el mundo"; por ello, las áreas de trabajo de la Fundación son seis básicamente: 1) Ciencias agrícolas, 2) Humanidades y arte, 3) Igualdad de oportunidades: educación y empleo, 4) Ciencias de la salud, 5) Relaciones internacionales, y 6) Ciencias de la población. Su estrategia de trabajo se concentra en la inversión no rembolsable, provee fondos y apoya la investigación. La canalización de su apoyo se realiza a través de donaciones a universidades, institutos de investigación y otras agencias calificadas, de manera que la institución receptora es la encargada de la administración de la subvención.[26]

[25] La primera intervención se remonta a 1906, en áreas relacionadas con la salud pública. Respecto al área de las ciencias agrícolas, en 1938 junto con el gobierno mexicano participó en el establecimiento del Programa Agrícola Mexicano, enviando por primera vez en la historia un grupo de genetistas para intervenir en el mejoramiento de plantas de maíz y trigo (Fitzgerald, 1986, en Arellano, 1999). En 1946, John Neiderhauser, bajo el auspicio de la FR, comenzó a estudiar la papa en México. En 1963 se sentaban las bases para establecer el Centro Internacional de Mejoramiento de Maíz y Trigo en México, y desde esa fecha la presencia de la FR ha sido constante en diversos campos de la agricultura mexicana; su investigación, su educación agrícola y la organización institucional de la investigación agropecuaria en el país (Arellano, 1999).

[26] www.onu.org, 16/05/2005.

En el área de las ciencias agrícolas, la FR fue la agencia que comandó la ofensiva de la Revolución Verde desde sus inicios en la década de los cincuenta del siglo pasado. Puesta en marcha en el punto más álgido de la guerra fría para contrarrestar la amenaza de la revolución comunista roja que recorría las áreas rurales en gran parte de Asia y América Latina. La Revolución Verde es a menudo descrita como un proyecto de desarrollo agrícola fundado en el mejoramiento de nuevas variedades vegetales, que responde mejor a los fertilizantes, los agroquímicos y el riego. A pesar de las críticas a la Revolución Verde, el 12 de septiembre de 2006 la FR junto con la Fundación Bill&Melinda Gates hacen público su interés por unir fuerzas para crear una "Alianza por una Revolución Verde en África" (Grain, 2000).

Cabe señalar que en 1993 la FR inicia un programa que apoya a 183 becarios para la instrucción y capacitación en biotecnología, con la finalidad de actualizar sus conocimientos y desarrollar proyectos de investigación y colaboración.[27] Este tipo de programas (estrategia de la Revolución Verde) tiene como propósito que los becarios aumenten la investigación biotecnológica en sus países de origen.

Los primeros indicios de la construcción de la red en investigación de papa resistente a virus

La historia toma como punto de partida el momento donde comenzaron los contactos que debían permitir la actividad legítima de los científicos para proteger el cultivo de la papa de ataques de virus mediante la introducción de genes codificadores de proteínas resistentes a la infección de virus. Esto pudo ser posible gracias a dos consideraciones; la primera es

[27] www.rockfound.org, 20/06/2007.

la fortaleza institucional del Cinvestav-I.[28] La segunda consideración se refiere a las características académicas de los científicos, particularmente en el área relacionada con la virología desarrollada y estabilizada en el Cinvestav-I.

En enero de 1991, el ISAAA convoca a la Compañía Monsanto, al gobierno mexicano, al Centro de Investigación y Estudios Avanzados, Unidad Irapuato (Cinvestav-I), a establecer un proyecto de transferencia de tecnología no-convencional de resistencia de virus en papas. Aunado a lo anterior, ISAAA moviliza a la Fundación Rockefeller (FR) para proporcionar recursos financieros para el desarrollo del proyecto. El apoyo consistió en recursos para dos auxiliares de investigación que asistirían al laboratorio de la empresa Monsanto a St. Louis Missouri. De este modo, las instituciones logran interesarse en el proyecto de transferencia de tecnología de transgénesis en papa para obtener variedades resistentes a virus.

En esta época, los cuatro actores estaban de acuerdo sobre los puntos siguientes: la empresa Monsanto tenía patentada la tecnología para introducir genes que expresan resistencia a los virus PVX y PVY en la papa, y estaba dispuesta a ceder sus derechos de protección intelectual en México y países donde Monsanto no comercializara papas propiedad de ella y los genes quiméricos. El Cinvestav-I estaba interesado en adquirir los genes quiméricos desarrollados por la Monsanto para tratar de incrustarlos en el genoma de papas de interés comercial en México. La FR deseaba participar en la transferencia de esa tecnología mediante la aportación de 350,000 dólares en cuatro años para capacitar a personal mexicano en la adaptación de esas tecnologías, y el ISAAA podría finalmente cumplir con su objetivo de coadyuvar en el trasla-

[28] El Cinvestav-I alberga 4 por ciento de los investigadores en el nivel nacional y se produce 18 por ciento de la investigación científica y tecnológica de todo el país.

do de tecnologías, desde empresas del primer mundo a instituciones de países en desarrollo. De esta manera, se concretó el acuerdo como un proyecto de transferencia de tecnología en biotecnología, para el cultivo de la papa, de una empresa a un país.

Los orígenes de esta red sociotécnica no provienen de intereses de los actores al margen de los éxitos en el control de la introducción de genes ni tampoco de la posibilidad técnica de afectar el genoma de plantas con cierta resistencia al ataque de virus. De este modo, es parcialmente cierto que la formación de papas transgénicas no habría comenzado en esta época sin la sensibilización lograda por el ISAAA y la acción conjunta de la Monsanto, la FR y el Cinvestav-I. Dicho en términos sociológicos, la firma del proyecto de transferencia significó la mutua adaptación del contexto social y el contenido científico-técnico; los actores sociales acordaban pero la base material sustentaba los acuerdos.

En el momento de la firma del proyecto, los negociadores aceptaron un proyecto que identificaron de transferencia de tecnología para proteger la producción de un cultivo alimentario; en este acto, ellos toleraron, aceptaron o impusieron la vía de la transgénesis en papa. Sin embargo, la intervención de los negociadores sobre la investigación fue limitada en la medida que ellos no podían controlar las líneas de papa sobre las cuales los genes pudiesen incrustarse exitosamente, los proyectos específicos ni los métodos científicos. Justamente, éstos eran los dominios de poder de los investigadores que les permitían intervenir sobre los objetos técnicos y la sociedad. Esto significaba que el enunciado proyecto de transferencia resultaría un proyecto de investigación.

> La idea del proyecto de nosotros era tomar la tecnología que había usado Monsanto para Russet Burbank y aplicarla en Alfa, que es una variedad mexicana, que se usa mucho en México

> y modificar el vector que tenía Monsanto, que tenía DNA de más de un vector, más restringido, más definido, donde nosotros sabíamos cuánta cantidad de DNA entra. Nuestro propósito no era experimentar como Monsanto en un inicio, sino también era comercial, comercial me refiero a producir un producto que pueda ser liberado. Al inicio Monsanto lo hizo experimental y le resultó, pero como Monsanto no tenía planeado liberar en Estado Unidos plantas resistentes con PVX y PVY, no se molestaron en hacer ese vector bien definido porque allá las condiciones son diferentes. No les interesa tanto la resistencia, por ejemplo PVX, porque todo el mundo usa semilla certificada; en cambio en México no, aquí sí es importante; entonces ellos no tenían ese vector con los bordes bien definidos para sus características bien definidas, entonces nosotros lo tuvimos que hacer (Rivera, 2002: c.p.).

En los tiempos de la firma del Proyecto Monsanto-Cinvestav-I, los científicos eran doblemente débiles. Por un lado, su presencia sólo representaba la esperanza de reproducir la técnica de incrustación de los genes PVX y PVY, desarrollada en Monsanto y, por otro, el proyecto debía alcanzar la meta de generar papas mexicanas resistentes a los dos virus señalados. De este modo, lo que se denomina en sociología de ciencias *espacio de negociación* significa que los investigadores del Cinvestav-I lograron actuar libremente en un periodo bien definido y un campo de acción delimitado.

Estrategias científico-técnicas de los investigadores

Para exponer las estrategias de los investigadores, comenzaremos por precisar la definición de los problemas de investigación, la formulación de las hipótesis y la delimitación de los actores, lo cual consiste en la definición de las nociones de base, la precisión de las prácticas a seguir para afrontar los problemas y la delimitación de los rasgos de los actores convocados a participar en los proyectos de investigación.

En el caso que abordamos, para el proyecto de transferencia de tecnología, se definió su dominio de intervención científico-técnica; se expuso el problema; se propusieron soluciones y se delimitaron los actores en un arreglo particular. A continuación expondremos la manera como se configuró ese arreglo.

Definición de los problemas científico-técnicos

Después de que el Proyecto Monsanto-Cinvestav-I fue firmado, las discusiones sobre el desarrollo fueron organizadas en torno a varias cuestiones: la primera concernía a la extrapolación del método de transformación desarrollado en Monsanto para la papa variedad Russet Burbank en la variedad Alfa; la segunda, al mejoramiento del plásmido[29] empleado por Monsanto en la transformación genética de la Russet Burbank. La tercera, sobre la estabilización del método de transformación y del cultivo de tejidos de papas de importancia económica; finalmente, la cuarta, sobre la evaluación en campo de papas transgénicas y su posible liberación al mercado.

En este proyecto se contemplaba la generación de dos entidades en México: la formación de nuevas papas genéticamente modificadas y la formación de un grupo de científicos especializados en la modificación genética de papas resistentes a virus, en el Cinvestav-I.

Hemos dicho en el apartado "La historia del contenido de la ciencia y de los contenidos científicos" que la categoría

[29] Plásmido alude al conjunto de genes quiméricos de interés en incorporar en el genoma del vegetal por transformar. Un plásmido se compone de un gen o unos genes, así como de un gen marcador, un promotor y una señal de terminación. Véase más adelante el vector desarrollado conjuntamente por Monsanto y Cinvestav-I.

de paradigma de Kuhn es una noción sintética del arreglo entre elementos conceptuados y sociales, de modo que los marcos teóricos se expresan en comunidades científicas y las comunidades disciplinarias están definidas por los marcos conceptuales con los que comulgan. Para referirse a la tecnología, Arellano (2005) ha empleado el término *esquemas sociotécnicos de producción* para aludir a la síntesis de técnicas y comunidades, pero también ha agregado la idea de que estas síntesis sociotécnicas se estabilizan para la producción de productos finales.

Continuando con nuestro tema, diremos que el programa de investigación parecía tener sólo el desafío de producir papas transgénicas resistentes a dos virus, sin reflexionar mayormente en las repercusiones sociales de esta estrategia. Por tal motivo a los investigadores les parecía lejana la inclusión de otras instituciones de investigación y de regulación de organismos modificados genéticamente, de productores de semilla del tubérculo y de papa; además, no preveían la aparición de grupos de presión contra los Organismos Genéticamente Modificados (OGM), incluidos los consumidores.

En caso de realizarse, todos esos cambios integrarían los elementos de una poderosa y compleja red en la que los investigadores serían el centro imprescindible de la producción de papa.

Formulación de hipótesis

Las hipótesis son fórmulas de problemas científico-técnicos y de sus posibles soluciones. Los problemas planteados por los agentes como el ISAAA y los científicos contemplaban las cuestiones siguientes: ¿es posible transferir a México la tecnología de transformación genética de la papa de Monsanto a las papas de interés comercial mexicanas?, ¿las papas mexicanas tolerarían las manipulaciones genéticas de la misma forma que las patatas de Estados Unidos?, ¿los productores mexicanos aceptarían la idea de sembrar y consumir papas transgénicas, tal como lo demandan sus contenidos técnicos y como lo hacen los americanos? Todas estas preguntas apuntaban a una que las sintetizaba así: ¿la experiencia de transferir genes patentados por empresas a un país en los que se distribuirían en libre acceso tendría algún futuro en la promoción de nuevas técnicas agrícolas?

Hay que remarcar que en la época de la firma del Proyecto Monsanto-Cinvestav-I, la transgénesis no representaba un problema estrictamente científico; una técnica de transferencia de genes específicos de un organismo a otro había sido demostrada por los científicos estadounidenses Boyer y Cohen en 1973 (Bijman, 1995). Y, en 1989, los investigadores de la empresa Monsanto crearon, mediante mecanismos de la biología molecular, dos *genes quiméricos*[30] que después fueron introducidos en la variedad de papa Russet Burbank, logrando la expresión de genes foráneos resistentes a enfermedades por virus. Esta técnica, denominada Resistencia Derivada del Patógeno (RDP), ha sido empleada para obtener una proteína-mediadora que protege contra los virus PVX y PVY, en un solo suceso de transformación genética (Rivera, 1995). De acuerdo con la explicación del doctor Rivera:

> Para 1989 Monsanto ya había obtenido plantas transgénicas con estas dos proteínas virales, la de PVX y PVY y que mostraban resistencia cuando posteriormente eran inoculadas con virus. En ese momento lo hizo Monsanto con la variedad Russet Burbank, la variedad americana y lo hizo con un vector de investigación, no comercial. ¿A qué me refiero con eso? Cuando uno hace una construcción que va a meter un gen a la planta, ¿cuál es el pedazo de DNA que se mete a la planta?, ¿por qué? Porque cuando uno aplica o hace una solicitud para que den permiso para liberar plantas transgénicas, ellos te piden cuánto DNA se metió, de dónde y a dónde entró (Rivera, 2002: c.p.).

[30] Los genes quiméricos son construidos artificialmente.

Al inicio de las negociaciones, la transgénesis representaba un problema de carácter técnico-económico. Para los científicos de la Monsanto, se trataba de responder a una serie de preguntas: ¿es posible replicar el protocolo de transformación genética en papas diferentes a la Russet Burbank?, ¿es posible mejorar los vectores disponibles, evitando que la inserción de genes sea estrictamente la necesaria para los genes quiméricos implicados en la resistencia a PVX y PVY?, ¿es posible estabilizar, en el Cinvestav-I, la técnica completa de transformación de papa, incluyendo su regeneración por medio del cultivo de tejidos?; y finalmente, ¿es posible manejar adecuadamente, en campo, el protocolo de bioseguridad para probar en campo las papas transgénicas en México?

Para los agentes del ISAAA, la hipótesis apuntaba a resolver el problema del desplazamiento y reproducción de una tecnología de una empresa a un país, de tecnologías reguladas mediante patentamiento en los países de origen; situación que se complicaba mucho en México, pues no se tenía experiencia en estos procedimientos, con el patentamiento de plantas transgénicas. En realidad, la transferencia de esas tecnologías a México tenía el objetivo común de generar una respuesta institucional del gobierno mexicano a los OGM.

Por su lado, los investigadores mexicanos del Cinvestav-I estaban deseosos de transformar genéticamente variedades de papa de interés comercial en México. En este caso, la hipótesis consistía en desarrollar el saber-hacer científico-técnico, en términos de modelo para transformar variedades de papa resistentes a los virus, de los cuales Monsanto había donado los genes; pero también, para desarrollar su propia tecnología para transformar el vegetal con resistencia a otros virus.

Como hemos visto, el problema de la transferencia de tecnología de la empresa Monsanto al Cinvestav-I no parecía un problema típicamente de transporte de genes, sino de desarrollo de tecnología para resolver problemas científicos y técnicos inéditos. Se trataba de saber si los científicos del Cinvestav-I podían reproducir los éxitos de la formación de los genes quiméricos que otorgaron resistencia a dos virus en la papa Russet Burbank, si las papas sembradas o sembrables en México tolerarían la transformación genética y la regeneración requerida técnicamente. Aun en esta etapa, no se planteaba la cuestión de si los agricultores aceptarían comprar las nuevas variedades de papa transgénica y los otros actores aceptarían que se sembraran, comercializaran, industrializaran y consumieran esas papas.

Para los científicos mexicanos, la formación de papas transgénicas resistentes a virus PVX y PVY era un problema técnico y de propiedad intelectual. Al no ser los propietarios de los genes quiméricos, no podían intentar insertarlos en papas de interés económico en México y tampoco podían experimentar con la transformación y regeneración de plantas, en la perspectiva de su empleo como tubérculo para semilla. Aunado a lo anterior, hacía falta conocer si el problema de proteger las papas del ataque de los virus PVX y PVY en realidad era una respuesta a una necesidad real del proceso de producción del cultivo.

A pesar de los diferentes intereses e interpretaciones de los actores, el proyecto Monsanto-Cinvestav-I formaba una red de acuerdos e intereses no concurrentes y ofrecía la ocasión de avanzar los esquemas de transformación genética, previamente ensayados por los grupos de investigación de Monsanto.

Definición de los actores y sus relaciones con las hipótesis

Las cuestiones elaboradas por los líderes de los grupos de científicos pusieron en escena a seis actores: la papa, la empresa Monsanto, los agentes facilitadores de ISAAA (Brokers), los financiadores del proyecto de la FR y los mismos científicos del Cinvestav-I, al plásmido PMON9898. La papa era un actor problemático puesto que ningún grupo de investigación sabía hasta qué punto los mecanismos de transgénesis y la regeneración de vegetales podrían ser explotados. A pesar del éxito de sus experiencias precedentes, los proyectos de transformación genética de la papa en cuestión no eran más que pretensiones de validez sujetas a confirmación.

Monsanto promueve su imagen en la carrera por el reconocimiento como agente activo, en la protección de cultivos de los productores pobres, y desinteresado en la obtención de ganancias de sus patentes de los países del tercer mundo. En esta carrera, ellos cuestionaban los objetivos, los métodos y la orientación social de sus desarrollos tecnológicos, compartiendo sus avances; pero, también, expresa sus dudas científico-técnicas respecto a la validez y la magnitud geográfica de sus desarrollos patentados. El doctor Rivera lo explica del siguiente modo:

> ¿Qué obtiene Monsanto?, pues por un lado validar su tecnología en otras variedades, obviamente les interesaba qué es lo que pasaba con las variedades mexicanas, por si de repente me interesaba tener una Alfa con ciertas características, para vender en México, Monsanto ya sabe que funciona y todo, aunque nosotros la hallamos hecho, ya saben que hay antecedentes, obviamente gana exposición (Rivera, 1999: c.p.).

Los intereses de los facilitadores y financiadores de la FR definen su posición en grado diferente. Los primeros creen que la biología molecular es el mejor instrumento explotable para proteger las plantas de ataques de virus. En cambio, ambos actores se interesan en intervenir, técnica y políticamente, en los asuntos de un país del tercer mundo y desarrollar esquemas de cooperación tecnológica, benéficos para las empresas de biotecnología y para los países de escaso desarrollo. Para ambos, la transgénesis de la papa no fue más que un proyecto sometido a la prueba temporal de sus intereses. Desde la perspectiva del investigador responsable del proyecto, la situación era la siguiente:

> Para ISAAA, éste fue su primer proyecto; por eso era importante demostrar que esta tecnología pudiera ser transferida, que esta estrategia que ellos están tratando de usar funcionaba y le iba a dar visibilidad. Los primeros años de duración del proyecto ISAAA, siempre iba desplegando su bandera y siempre iba diciendo: "Proyecto Monsanto-Cinvestav-I, se puede hacer transferencia de tecnología de compañías del primer mundo a instituciones del tercer mundo, miren el ejemplo" (Rivera, 1999: c.p.).

Los colegas científicos muestran su capacidad de definir los otros actores y, simultáneamente, de definirse ellos mismos en términos de su identidad y lo que desean ser. En este sentido, los científicos definen a los actores como instrumentos de sus intereses en arreglos únicos; pero, asimismo, ellos se definen como actores dispuestos a modificar la planta de la papa, de modo que produzca sus propias defensas contra dos virus.

La delimitación de los problemas permite a los actores no sólo plantear preguntas; más allá de eso, ellos diagnostican las situaciones de ciertos elementos que constituyen el nudo de los problemas y se dan a la tarea de buscar los actores apropiados para actuar en favor de la solución de dichos problemas. De esta manera, las preguntas científico-técnicas sobre la protección genética de la papa permiten a los científicos mostrar el papel que los actores deben jugar para resolver sus problemáticas. Además, la formulación de las relaciones entre los problemas, las respuestas controladas y los actores muestran la posibilidad de coordinar la acción de los actores sociales con las leyes de la naturaleza, en un esquema de asociaciones simétricas entre naturaleza y sociedad. Para avanzar el programa de investigación, las hipótesis científico-técnicas (definidas por los investigadores) deben coordinarse con la aceptación de la acción de los actores convocados.

En el caso de la historia de la transgénesis de la papa, los argumentos tomaron la estructura siguiente: mediante la comprensión de las leyes de autodefensa de la papa los científicos consideraron la posibilidad de manipular ciertos mecanismos genéticos para mejorar la defensa de la planta de papa al ataque de dos virus y, de este hecho, ellos proporcionarían la respuesta más eficaz a los intereses de los otros actores.

- La empresa Monsanto estaba interesada en transferir y mejorar sus tecnologías de transgénesis de papa, mejorando los vectores y ampliando sus protocolos técnicos a otras variedades de papa.
- Los agentes facilitadores (ISAAA) y los financiadores del proyecto deberían brindar la confianza de que los acuerdos de restricción de distribución de propiedad intelectual serían respetados escrupulosamente.
- La FR proporcionaría los recursos necesarios para llevar el proyecto a su culminación.
- Los científicos de Cinvestav-I deseaban conocer los resultados de los diferentes mecanismos de manipulación genética de la papa y abrirse un espacio de reconocimiento de utilidad nacional.

De acuerdo con Callon (1986), la formulación de problemas y su solución permitió a los investigadores definir los actores participantes, así como indicar los desplazamientos de contexto que las nociones deben seguir para poder adecuarse unas con otras y señalar las responsabilidades de cada actor. En el caso que nos ocupa, la relación entre hipótesis y actores adquirió la forma de un nudo convergente que cruzaba ineluctablemente realidades de todo tipo.

Figura 2
Intervención sobre el genoma del plásmido

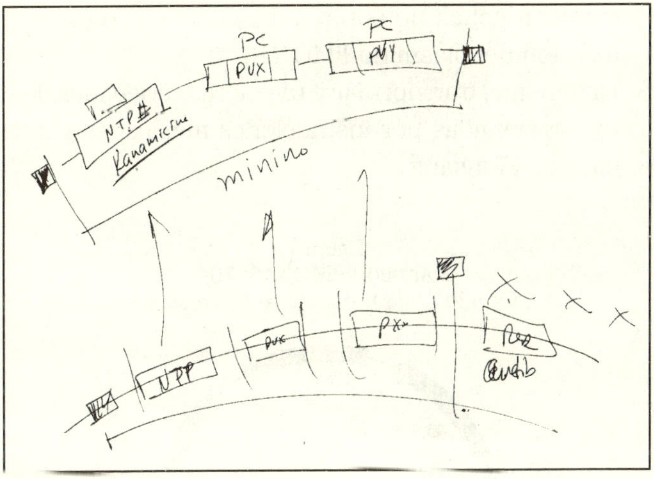

Fuente: Rivera, 1999.

Los científicos del Cinvestav-I propusieron cambiar la identidad y el contexto de los genes PVX y PVY. De entrada, ellos tuvieron la ocasión de insertar los genes del plásmido PMON9898 en la papa de variedad Alfa, y después de purificar el vector, mediante el diseño de un nuevo plásmido (el PMON18770) se logró controlar exclusivamente la entrada de los genes PVX y PVY al genoma de la papa Alfa. Finalmente, se estableció un protocolo de transformación y regeneración de papas y sus métodos de prueba de campo, por medio de protocolos de bioseguridad.

El éxito del esquema de protección genético, propuesto por Monsanto y el Cinvestav-I, dependía del control de tres mecanismos:

1. El mecanismo de transformación genética de la variedad Russet Burbank a la variedad Alfa mediante la introducción del plásmido PMON9898.
2. Posteriormente de purificar la información del plásmido eliminan genes no controlados, por medio de la construcción del plásmido PMON18770, y
3. Finalmente, transformar y regenerar variedades de papa proporcionadas por instituciones mexicanas y aprobadas por Monsanto.

Figura 3
Plásmido PMON18770,
donado por Monsanto al Cinvestav-I

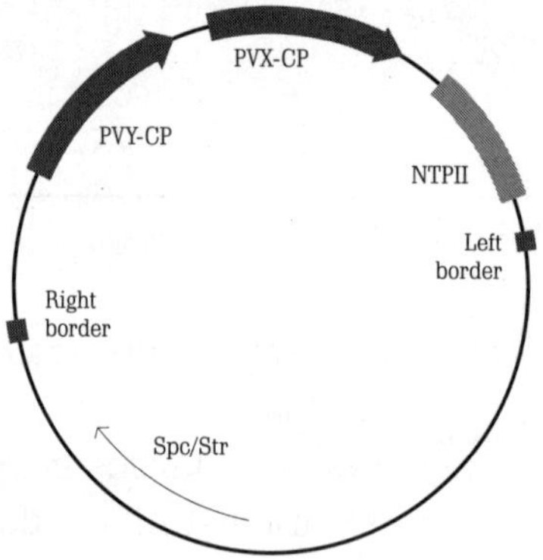

Fuente: Rivera, 1995.

En realidad, este esquema es técnicamente más complicado, debido a que ciertas plantas transformadas no son capaces de soportar la regeneración mediante el cultivo de tejidos, porque ciertas variedades no incorporan eficazmente los genes quiméricos insertados o que son sensibles a tratamientos de antibióticos en los mecanismos de selección de líneas de plantas transformadas, lo que impide el éxito en la integración de los genes.

Los mecanismos problemáticos del Proyecto corresponden a los intereses de los actores implicados; de este proceso, resulta la construcción de relaciones globales entre la naturaleza y los grupos sociales implicados en él. En el comienzo, el ISAAA pretendía crear relaciones internacionales entre empresas del norte y países del sur. Esta relación social generó la implantación de los genes quiméricos PVX y PVY al genoma de una papa de interés comercial mexicana. A su vez, este éxito se vio incrementado con el desarrollo de un plásmido purificado para el que se utilizaron técnicas de biología molecular, en el que se podía controlar mejor el ingreso de la información genética de los genes quiméricos; repercutió en la posibilidad de extender su campo de acción a otras variedades mexicanas de papa y de esta manera exportar los genes en cuestión a las condiciones sociales y científico-técnicas mexicanas.

Dicho de otra manera, el Proyecto no sólo fue de transferencia de genes, sino de construcción de relaciones sociales entre los actores implicados, sustentados en el saber hacer científico.

El proceso de purificación del plásmido PMON9898, al PMON18770 corresponde a la posibilidad de precisar la resistencia a los virus PVX y PVY a las papas mexicanas y a la construcción de una nueva relación inédita de interdependencia entre las empresas e instituciones.

Según el ISAAA, el comportamiento de los actores debería ser el siguiente: Monsanto debería proporcionar los genes de resistencia a virus, así como los procesos de transformación y regeneración de plantas de papa; los científicos del Cinvestav-I deberían proporcionar papas foráneas para transformarlas genéticamente y liberarlas con restricciones de uso en México, tanto en condiciones de investigación de riesgo ambiental como de adaptación a los estilos de producción en México. Los productores de semilla y de tubérculo no aparecían en el escenario de su horizonte de colaboración, pero se pensaba que deberían integrarse como productores de papas transgénicas.

Interesados en el destino científico-técnico de la protección genética de la papa, los científicos ofrecieron a los actores soluciones a sus problemas: responsabilidades en sus proyectos de mejoramiento y la coordinación de las relaciones simétricas naturaleza/sociedad. A continuación, abordaremos la manera como los investigadores organizaron las identidades de los actores y el conjunto de relaciones entre las hipótesis y dichos agentes, en una red de alianzas estratégicas.

El planteamiento inicial comienza cuando los científicos deben tomar un camino que ofrece la tecnología de la papa resistente al ataque de virus; ya sea la resistencia al ataque por medio del mejoramiento convencional, o mediante la inserción de genes resistentes. Habría que esperar, en el primer caso, un golpe de suerte de los genetistas tradicionales o bien, en el segundo caso, el establecimiento y estabilización de un procedimiento que permitiera la introducción de genes, capaces de codificar la producción de enzimas que impiden el desencapsulamiento del genoma para evitar que los virus replicaran su genoma en la célula de las plantas infestadas y destruyeran la planta.

En el mismo sentido, los científicos de Monsanto y el Cinvestav-I debían implicarse, en su propio interés, en transformar genéticamente las variedades de papa empleadas en México para hacerse útiles a sus instituciones y aceptar la idea de producir organismos transgénicos como alternativa a las formas convencionales de protección de cultivos.

Los científicos del Cinvestav-I deberían aceptar la transformación de la papa resistente a los virus de los que Monsanto tenía genes para donarles; no tanto por su convicción de que esos virus eran objeto de enormes pérdidas en el cultivo de la papa en México, sino porque el conocimiento de las tecnologías de transformación podrían darle impulso a programas de transformación genética para la búsqueda de resistencia a virus de importancia económica en el país.

En relación con los agentes facilitadores (ISAAA) y los financiadores (FR), éstos debían comprometerse continuamente en apoyar el Proyecto de resistencia genética de la papa, como una forma de acrecentar su presencia en la transferencia de biotecnologías, promoviendo la relación entre donantes y receptores, así como financiando la capacitación y brindando recursos para sufragar ciertas pruebas no existentes en la institución receptora de tecnología.

En tanto que colegas, el problema fundamental de los científicos consistió en controlar y llevar a cabo las metas científico-técnicas acordadas entre la empresa y el centro de investigación. Esta situación puso en juego la delimitación entre los supuestos válidos anteriormente y los supuestos por verificar; entre esto que es bien conocido por las experiencias anteriores y lo que falta por conocer y desarrollar, para hacer real la protección contra virus de la papa mexicana.

Así, el proceso que inició con la hipótesis de la transferencia de tecnología para proteger la papa de los virus PVX y PVY concluye con la definición de un esquema de asociaciones indispensables para lograr el funcionamiento del proyecto de transferencia de tecnología de protección de plantas, mediante la formación de papas transgénicas. En esas asociaciones, los científicos han construido una situación en la cual ellos son indispensables para alcanzar los objetivos del conjunto de los actores.

Instrumentación de la manipulación de los actores

La instrumentación de la manipulación de los actores es la acción de investigación que permite aislar a los actores de sus relaciones precedentes para suplantarlas por un dispositivo de manipulación de interrelaciones, dirigida a la búsqueda controlada de respuestas a los problemas de investigación. Este proceso es el mecanismo por medio del cual, los científicos designan la identidad de los actores convocados y éstos asumen o rechazan tal identidad. Se trata de hacer realidad los objetos técnicos mediante la legitimación de la acción de los actores designados y definidos en las hipótesis (Arellano, 1999).

El carácter inseparable del binomio, formado entre los genes quiméricos PVX, PVY y la empresa Monsanto, impuso a los científicos (del Programa de Intervención Genética de la Papa) la obligación de interponerse ventajosamente entre los actores. Si el resultado de esta interposición no representa desventajas para la protección de la papa, los científicos devendrán parásitos y, entonces, su legitimidad sería cuestionada. De hecho, la estrategia de los investigadores de ser útiles a los actores es una premisa básica que justifica su identidad de científicos.

El mecanismo de aislamiento/suplantación de relaciones, establecido por los científicos, consiste primeramente en intentar romper el acceso directo de los otros actores al genoma de la papa y de los otros actores. En seguida, procurarán manipular el genoma de la papa y de los genes quiméricos según sus propias hipótesis. Frente al conjunto de actores, los investigadores procurarán ubicarse en la posición estratégica de ser indispensables y de consolidarse como sus representantes legítimos.[31]

[31] La noción de representatividad está tomada del estudio de Shapin y Shaffer, a propósito de las controversias entre Hobbes y Boyle, sobre el

Al buscar la representatividad de los otros actores, los científicos proponen una organización funcional, en la cual todo el mundo acepta el papel de sujeto de investigación. He aquí el objetivo de la interposición de los científicos. Según la instrumentación de los proyectos correspondientes al mejoramiento genético, los investigadores aíslan las acciones, de los actores, solamente para recomponerlas y restablecerlas con posterioridad. Esos modelos de disociación-asociación de los actores toman la forma de dispositivos sociales en dos planos: como espacio de negociación y como centro de hibridación.

El primer dispositivo distribuye los papeles/funciones que juegan los actores, respecto al binomio genes protectores del ataque viral e instituciones y agencias interesadas en la transferencia. El segundo distribuye las funciones de los genes de protección contra virus y genoma de papa mexicana, estableciendo los laboratorios para lograr la manipulación genética.

El *espacio de negociación*[32] es el dispositivo en el que se organizan los actores interesados en la manipulación genética de la papa. En éste se distribuyen los papeles contextuales y de intervención directa de la investigación. Desde otro punto de vista, un espacio de negociación es la autorización legítima de los actores para permitir a los investigadores iniciar y llevar a cabo un proyecto de innovación científico-técnica.

---

carácter de la experimentación científica y la representación de los científicos y de los políticos (Shapin y Shaffer, 1986 en Arellano, 1999).

[32] Planteada por Callon (1989) la noción de espacio de negociación consiste en la interdependencia constitutiva entre el contexto y el contenido de la investigación. Él ha expresado la noción de la siguiente manera: "un espacio de negociación es un territorio al interior del cual los científicos disponen de importantes márgenes de maniobra y beneficiándose del apoyo (relativamente) incondicional de los actores que les han ubicado en situación" (Callon, 1989: 83). A esta noción se agrega la idea de que el espacio de negociación es simultáneamente un tiempo de negociación. Esto quiere decir que los márgenes de maniobra tienen un territorio, pero también un periodo definido.

Con el reconocimiento de las primeras hipótesis, los investigadores obtuvieron sus espacios de negociación. Esto significa que ellos contaron con un medio favorable para manipular el genoma de la papa. Convencidos de las propuestas del ISAAA y el consentimiento de Monsanto para donar los genes, los otros actores esperaron el tiempo suficiente para conocer los resultados de las investigaciones y volver a intervenir en el contenido de la investigación y en la acción de los científicos. Los actores sociales de apoyo estuvieron particularmente interesados en los últimos resultados de la investigación y en la posibilidad de movilizar los genes en las vastas redes de la economía, además de la imagen política.

Un centro de hibridación, o *traducción,*[33] apareció en el momento de la separación de los actores en sus elementos componentes, para introducirlos y manipularlos en el seno de los laboratorios. Esta separación puede compararse con la separación del contenido y el contexto, en la creación de los espacios de negociación. Los laboratorios son los campos de experimentación que permiten a los investigadores la separación física necesaria entre el binomio original de genes quiméricos PVX-PVY Monsanto y Cinvestav-I. Los dispositivos de investigación son las manipulaciones que los investigadores establecieron con el genoma de ciertas variedades de papa.

La ruptura de la antigua relación genoma de papa y genes quiméricos, propiedad de Monsanto, fue lograda en la medida

[33] Callon emplea con diferentes significaciones la noción de centro de traducción. En *La Science et ses réseaux*, simplemente menciona que llamará Centro de traducción al terreno reclamado por los científicos (1986: 103-104). En su artículo sobre la Sociología de la traducción (1986), Callon dice que el Centro de traducción es un dispositivo de interesamiento de los actores y de control de su comportamiento (Callon, 1986: 188-189). En esta investigación, emplearemos la noción de Centro de hibridación en alusión a los instrumentos y metodologías que los científicos emplean para manipular científicamente la naturaleza y pretender la representatividad de los actores manipulados en sus investigaciones.

que en los investigadores tomaron de las manos de Monsanto los genes y las papas de interés comercial en México, representativas de las diversas regiones del país.

Intervención sobre los actores

La intervención sobre los actores es el mecanismo por el cual los investigadores pretenden hacer aceptar a los actores las funciones evocadas, para que, de esta forma, colaboren en la realización del proyecto técnico.

Luego de que los científicos obtuvieron sus espacios de negociación y sus centros de hibridación, el siguiente paso consistió en la búsqueda de colaboración de las leyes de la reproducción y expresión de los genes del genoma para producir las proteínas deseadas por los investigadores y, de esta manera, lograr sus proyectos de innovación. Estas negociaciones pretenden organizar las posibles respuestas de los genes y del conjunto del genoma de la planta de papa, de tal manera que los investigadores puedan funcionar como los representantes de la naturaleza genética de la papa y de los actores dependientes de esta característica.

En 1991, los caminos de la investigación habían sido definidos de acuerdo con la estrategia de la transgénesis:

> En la fase I, la doctora Rosa María Rangel estuvo con el grupo Monsanto de Transformación de Cereal en St. Louis en abril de 1991. Durante los primeros meses trabajó con la variedad de papa Russet Burbank para familiarizarse con el sistema. La metodología de transformación y regeneración de esta variedad son bien estabilizadas por Monsanto y sus resultados han sido publicados, incluyendo la selección de varias líneas de papa con resistencia a PVX y PVY (Rivera, 1995: 193).

Este contacto con la metodología de transformación permitió tener y controlar los instrumentos fundamentales para la producción de la transformación; aunado a lo anterior, se pudo extrapolar la metodología para aplicarla a otras variedades de interés del Cinvestav-I. Después de entrenar con la Russet Burbank, la doctora Rangel se dedicó a modificar la variedad Alfa. Con la transformación de la variedad Alfa, se mostró la utilidad de la tecnología de transformación; sólo faltaba considerar los parámetros de transformación genética.

Los resultados para la transformación de la variedad Alfa pueden ser resumidos como sigue:

1. Un promedio de 50 por ciento son de resultados favorables en la brotación de plántulas.
2. Para un número total de disparos obtenidos, un promedio de 63 por ciento fue positivo por el NPTII *recallusing* prueba.
3. Para las plantas que desarrollan callos en medio de kanamicina, solamente 50 por ciento fue confirmado por NTPII ELISA (PMON9898) y 45 por ciento por GUS (PMON15722-9).
4. La eficiencia final de transformación es en el rango de 16% (el promedio de los experimentos de transformación con Alfa). La eficiencia obtenida con Alfa fue de 4-5 meses, tiempo que obtuvo Monsanto con Russet Burbank, utilizando el mismo vector (PMON9898). Lo anterior significa que, en palabras del doctor Rivera: "Para todas las plantas que fueron positivas por ELISA NPII (usando PMON9898) 108 líneas independientes, también fueron probadas para la expresión de PVX proteína protectora, que fue seleccionada y propagada para la prueba de Proseer, Washington U.S." (Rivera, 1995: 163).

Finalmente, se pudo consolidar una noción de centro de hibridación mediante la posibilidad de ampliar la cobertura geográfica de papas transformadas genéticamente y la construcción de relaciones científico-técnicas entre los organismos participantes. Con esas puestas en escena, el proyecto de la globalización de los genes PVX/PVY y de las relaciones empresa trasnacional/instituciones de países en desarrollo tecnológico devenía en realidad.

Las intervenciones que el equipo de investigación realizó sobre las muestras de papa Alfa tienen dos fases complementarias, como se ha dicho anteriormente. La primera consiste en replicar el ejemplo de transformación genética de la papa Russet Burbank, con genes quiméricos deseados; y la segunda, en ampliar la inserción de esos genes quiméricos en una variedad nueva, la Alfa.

Los investigadores intervienen la papa Alfa mediante la inserción de plásmidos, que contienen los genes quiméricos, y logran que 50 por ciento de los tejidos, sometidos a la infestación del plásmido, emitieran callos de células. Tomando en consideración que junto con los genes quiméricos se insertó el gen NPTII, el cual codifica una sustancia que hace resistente a las células contra el antibiótico kanamicina, se construye una maquinación: las células que no contienen el gen codificador del antibiótico son susceptibles de destruirse en presencia de kanamicina. De manera que, aplicando kanamicina a los callos se logra un efecto de selección en el cual los callos que no fueron infestados con el plásmido simplemente mueren; permitiendo vivir a los callos que contienen el plásmido. Esta prueba permitía afirmar que los callos vivientes aseguraban el camino de seleccionar las plantas en las cuales se lograron insertar los genes deseados. Dicho brevemente, el equipo de investigación seleccionaba simultáneamente las plantas en las cuales los genes estaban presentes y aquellos que se mostraron resistentes a la kanamicina.

No conformes con esta evidencia, los investigadores evaluaron la producción de las proteínas capaces de evitar el descapsulamiento del RNA, que cubre los virus en cuestión, como mecanismo para prevenir la liberación del DNA del virus y su reproducción en los tejidos de la planta atacada. Para esto, se midió la producción de la *coat-protein* mediante la técnica de ELISA para demostrar que la tasa de eficiencia era de 16 por ciento; es decir, 4 o 5 veces más alta que la de la papa Russet Burbank (Rivera, 1995). Una vez seleccionadas los plántulas de alta producción de la *coat-protein*, se concretizaba y estabilizaba un esquema de producción técnico para el plásmido PMON9898 de Monsanto; el carácter estable de los esquemas de producción técnicos es la condición para la repetibilidad de la producción. El éxito de la transformación de la papa Alfa, con el plásmido PMON9898, muestra una escala en la globalización de genes, pero también de relaciones. La posibilidad de repetibilidad de la tecnología sustenta el agotamiento de una línea de investigación.

Cuadro 3
Formulación de hipótesis, delimitación de actores
e identidad de los actores

Formulación de hipótesis	*Delimitación de actores*	*Identidad de los actores*
Es posible evitar que los virus se descapsulen y repliquen su genoma en células de papa.	Virus X e Y.	Virus incapaces de replicarse en las células de papa.
Manipulación del plásmido PMON9898 y elaboración de otro plásmido, mediante purificación de información (PMON18770).	Genes codificadores de resistencia a virus X e Y.	Consentimiento de pruebas de extrapolación y purificación para hacer un plásmido sintético.
Extrapolación del método de transformación de la papa Russet Burbank a la variedad Alfa.	Papa transformada genéticamente.	Papa resistente a virus X e Y.

Formulación de hipótesis	*Delimitación de actores*	*Identidad de los actores*
Extrapolación del método de regeneración de plantas mediante cultivo de tejidos a papas mexicanas y evaluación de la transgénesis con métodos de bioseguridad de EU.	Papa regenerada agronómicamente.	Papa adaptada agronómicamente y probada en protocolos de bioseguridad.
Donadora de patentes, genes y saber-hacer.	Empresa Monsanto.	Promoción de imagen como empresa interesada en la protección de cultivos de los productores pobres; desinteresadas en obtener ganancias de sus patentes en países del tercer mundo y con apertura a canales de intervención.
Receptores de patentes, genes y saber-hacer para capacitarse en transgénesis.	Grupo de investigadores mexicanos del Cinvestav.	Formación de un colegio de investigadores en transgénesis.
Agencia facilitadora de transferencia de biotecnología "Norte-Sur".	ISAAA.	Actuar como "agentes" de desarrollo de esquemas de cooperación benéficos para empresas biotecnológicas multinacionales y para países de escaso desarrollo.
Aportación de 350,000 dólares.	Fundación Rockefeller.	Financiar proyectos promotores de empresas de EU.

Fuente: Arellano y Ortega, 2003b.

Con esta fase, se agota una etapa de la transformación genética de la papa Alfa. El traslado de la técnica de transgénesis se lleva hasta sus últimas consecuencias, sólo para pasar a una etapa de mayor incertidumbre. Se trataba ahora de reinventar un plásmido y de incrustarlo en Alfa; pero, también, en otras variedades de papa.

Las intervenciones sobre la transformación genética en contra de los virus deben tener un soporte erudito. Es necesario dominar el análisis de la expresión y protección viral como el *de la expresión transitoria en el plano del protoplasma*, *de la protección viral en plantas transgénicas* y del desarrollo de las patologías virales; pero, también, como el conocimiento de la purificación de virus y su inoculación en plantas. Dicho de otra manera, se requiere del saber-hacer de la purificación viral, de la inoculación y del seguimiento en diversos niveles del desarrollo de la enfermedad. Esta situación es la justificante de la fase dos del Proyecto Monsanto-Cinvestav-I.

> Para la fase II, un segundo técnico mexicano estuvo con el grupo de virología de Monsanto en noviembre de 1991. Él se entrenó, incluyendo el ensayo *transient-expression* (protoplasma), los análisis del noreste y el oeste, de ensayos de protección viral en plantas transgénicas, virus de purificación, virus de inoculación y evaluación de enfermedades virales desarrolladas (Rivera, 1995: 161).

Las siguientes dos fases del proyecto consistieron en la estabilización de la técnica de cultivo de tejidos para la regeneración de las plantas transformadas y pruebas de campo para evaluar y seleccionar las líneas transformadas. En el primer caso, se trataba de manejar el cultivo de tejidos para la regeneración de las plantas de Alfa transformadas y para la exploración de las condiciones de cultivo de tejidos de otras variedades mexicanas de papa.

Respecto a las pruebas de campo, en el verano de 1992 se evaluaron 30 líneas de Alfa, transformada en Washington e Irapuato. Esta circunstancia permitía tomar partido de los trabajos de la virología clásica, que consistió en la inoculación de virus mediante dos métodos; el virus PVX se inoculó mecánicamente, en cambio, para el PVY se emplearon unos áfidos que son transmisores de ese virus.

Una segunda fase de prueba se realizó en 1993. Al final de los experimentos se evaluó el porcentaje de infección de las líneas, para seleccionar las más resistentes al ataque. El porcentaje de infección se midió por el porcentaje de producción de las proteínas de los cápsides (Rivera, 1995 y 1999: c.p.).

La prueba de Washington sirvió como demostración al investigador del Cienvestav-I. La segunda prueba de campo expuso, al personal de Cinvestav-I, a importantes temas de regulación, tales como el trámite de permiso para siembra de OGM y la selección del lugar para la prueba. Aunque varias pruebas de campo se habían realizado en México por compañías americanas, realmente esta prueba de papa fue la primera organizada y realizada por una institución mexicana (Rivera, 1995). El camino al establecimiento definitivo de la investigación en plantas transgénicas, en todas sus fases, quedaba abierto para México. Y la presencia de los genes se extendía a los laboratorios y campos de experimentación del Cinvestav-I, así como las relaciones entre instituciones y empresas de orden diferente.

La consolidación de las alianzas socionaturales

La movilización de los aliados tenía por objetivo que los investigadores pudieran representar a los actores implicados en los proyectos de protección de la papa contra el virus. La movilización de los aliados es la serie de actos que los investigadores ponen en juego para reducir el número de actores a su mínima expresión, a fin de poder representarlos y así, puntualmente, hablar y actuar en su nombre (Arellano, 1999).

Para lograr la transgénesis de una papa importante en México, los investigadores negociaron la formación de plantas transgénicas con un puñado de líneas de papa. Se colectaron papas de productores, de una institución nacional y otra internacional, pero sólo algunas plantas fueron seleccionadas para ser manipuladas genéticamente. El proceso de colecta y de selección de muestras permitió movilizar el genoma de la papa y de los virus PVX y PVY, para acceder a la movilización de su estructura genética.

La primera movilización del genoma de la papa en México, con fines de insertar genes exóticos, consistió en la colecta de muestras de papa Alfa de las variedades nacionales y del extranjero. La papa colectada se convirtió en un actor domesticable; pero fue la movilización de sus leyes genéticas lo que permitió a los investigadores convertirse en sus representantes. El equipo de investigadores de Monsanto y el Cinvestav-I representaría la papa Alfa, transformada genéticamente.

Los investigadores debían definir el significado de la papa variedad Alfa; el problema era que cada agricultor tenía "su Alfa", entonces ellos no estaban seguros de que la variedad Alfa de la que todos hablaban era la misma. Por esta razón, se relacionaron con el Centro Internacional de la Papa (CIP) para obtener, de sus bancos de germoplasma, una planta de papa mejor identificada.

La aparentemente simple selección de la variedad de papa por transformar es una intervención que requiere un esfuerzo de reducción, para tener como interlocutores a ciertos individuos individuales. Uno de los requisitos de la construcción de la globalización consiste en intervenir sobre individuos representativos de la más amplia gama de condiciones y de situaciones; y esto tiene el objetivo de que la intervención en la estructura de los individuos pueda ser movilizada en la mayor parte de las condiciones de las que se considera existe representatividad. Desde luego, la idea subyacente en la reducción y selección de individuos consiste en que los científicos puedan convertirse en los representantes de una naturaleza incapaz de expresarse directamente al resto de los actores.

La hipótesis consistente en transportar los supuestos de la transgénesis de protección viral de Monsanto, como solución a los problemas virales de las papas en México, fue parcialmente lograda. Los científicos del Cinvestav-I formaron papas Alfa resistentes a los virus PVX y PVY; sin embargo, el proceso de liberación de semillas de papa, entre los productores, estaba lejos de concretarse.

Socialmente, los científicos se convirtieron en voceros de la papa transgénica, pero también el ISAAA, Monsanto y el Cinvestav-I se transformaron en instituciones que representaban organismos interesados en transferir progresos biotecnológicos de empresas a países en desarrollo: empresas donadoras de genes e instituciones y equipos de investigación, deseosas de producir semillas de productos alimentarios. La FR refrendó su papel de institución financiadora de proyectos de investigación, que reposicionaban la presencia de las instituciones privadas de EU.

En 1991, la papa Alfa, los agentes de relación institucional, la empresa donadora de genes y los científicos del Cinvestav-I tenían identidades difusas, pero después de cuatro años, los investigadores pudieron movilizar a esos actores para acordarles y fijarles una nueva identidad. A cada desplazamiento, Monsanto y los científicos construían eslabones y asociaciones que tenían como punto central su propia identidad. En el momento de la definición de hipótesis, se señaló la constitución de una red de problemas y de actores; ahora puede señalarse la formación de una red de actores capaces de poner como eje conductor a la papa genéticamente protegida contra virus.

Fin de las negociaciones de la transgénesis de papa Alfa y la participación de las instituciones financiadoras en la protección biotecnológica de la papa en México

El cumplimiento de las metas del proyecto fue aceptado por los actores, quienes justificaron la pertinencia de su acción y la rentabilidad técnica e institucional de invertir en la biotecnología agrícola.

En 1994, el proyecto había cumplido sus resultados, pero no había semillas de papa para liberar de modo que la Fundación Rockefeller tomaba la iniciativa del proyecto, planteando la necesidad de incluir la participación en la construcción de la papa como objeto técnico disponible a los productores. Así, la FR tomó la representatividad de los actores, convirtiéndose no sólo en el representante de la papa transformada genéticamente y de los actores institucionales y empresariales, sino también de los científicos. Al tener en sus manos el uso del financiamiento, la FR impuso una adecuación operacional para todos los actores: la incorporación del Instituto Nacional de Investigaciones Forestales Agrícolas y Pecuarias (INIFAP) como condición de un segundo financiamiento, y al abandonar su papel de contexto, la FR intervino en el nivel del contenido de la investigación mediante la inclusión del INIFAP, y en la ampliación de las relaciones socionaturales, relacionadas con la Alfa protegida genéticamente contra virus.

Capítulo III

La producción de papas mexicanas resistentes a los virus PVX, PVY y PRLV

En este capítulo, presentaremos el origen de la transformación y regeneración de las variedades mexicanas de papas, así como la participación de los científicos en este escenario y la incorporación de nuevos actores en la escena. En esta segunda etapa, igual que en el caso de la elaboración de la papa transgénica Alfa, examinaremos las acciones que los expertos, de técnicas de la transgénesis en papa, han afrontado sobre los planos conceptual, metodológico y de estrategia social, pero ahora con las variedades mexicanas de papa.

No sólo se trata de la aplicación de la tecnología transgénica a nuevas variedades, también veremos el surgimiento de una estructura normativa para la investigación, transferencia y consumo de OGM; la participación de grupos ambientalistas y el papel de instancias gubernamentales en las controversias que se generan alrededor de los alimentos transgénicos.

Esta segunda etapa de la historia comenzó en el momento en el que la FR condicionó un segundo financiamiento al primer proyecto, con dos solicitudes específicas. La primera consistió en la incorporación del Instituto Nacional de Investigaciones Forestales, Agrícolas y Pecuarias (INIFAP) al Proyecto Monsanto-Cinvestav-I, debido a su capacidad de influencia en el territorio nacional y por la naturaleza legal de las funciones del propio Instituto. La segunda solicitud fue que la papa transgénica resistente a virus se otorgara a los productores de manera gratuita. Cabe señalar que, en esta etapa, la empresa Monsanto realizaría la donación de genes del plásmido PMON1770, a los científicos del Cinvestav-I; situación que definiría, como veremos, las características del segundo proyecto.

En primer lugar, presentaremos a los principales actores que se incorporan en la red de papas transgénicas mexicanas, guiados por las estrategias que los científicos escogieron para tener éxito en sus relaciones con la naturaleza y con los nuevos actores, en una lógica que corresponde a la formulación de hipótesis. Posteriormente, presentaremos la instrumentación de la manipulación de los actores (la interposición de los científicos). En tercer lugar, abordaremos la intervención de los científicos y, por último, presentaremos la consolidación de alianzas.

LOS NUEVOS INTEGRANTES DE LA RED SOCIOTÉCNICA

Esta parte de la historia de la formación de variedades mexicanas de papa, resistentes a ciertos virus, inicia en 1996 y se extiende hasta 1999. Comienza en el momento en que la FR aporta un segundo financiamiento al Proyecto Cienvestav-I, con la condición de la participación del INIFAP, con el fin de explorar las posibilidades de que las papas mexicanas transformadas sean transferidas a los agricultores. Cabe señalar que el ISAAA, desde la primera etapa del Proyecto Monsanto-Cinvestav-I, había manifestado que uno de sus objetivos básicos era que el éxito en la producción de semillas de papa resistentes al virus, debería llegar a los productores de papa, de escasos recursos en México (Qaim, 1998). Por eso, la participación del INIFAP se convierte en parte de la estrategia, pues este Instituto representaba el canal de comunicación idóneo para la difusión de la tecnología entre los productores debido a sus propias características, como veremos más adelante.

En función de las condicionantes de la FR, la red de papa en variedades mejoradas incorporó nuevos actores, ya no sólo se trataba de los seis actores precedentes: la papa transgénica, la empresa Monsanto, los plásmidos PMON9898 y PMON18770, los agentes facilitadores (ISAAA), los financiadores (FR) y los científicos del Cinvestav-I. En esta etapa, a solicitud de la FR se requiere del INIFAP, la incorporación de la Comisión Intersecretarial de Bioseguridad y Organismos Genéticamente Modificados (Cibiogem), la Secretaría de Salud, los productores de papa, el Sistema Nacional de Inspección y Certificación de Semillas (SNICS), el virus PRLV y la Organización Ambientalista Greenpeace. A continuación abordaremos algunas características de estos actores, para resaltar la forma en que se incorporan y el papel que van a desempeñar.

El Instituto Nacional de Investigaciones Forestales, Agrícolas y Pecuarias

El Instituto Nacional de Investigaciones Forestales, Agrícolas y Pecuarias es un organismo descentralizado con personalidad jurídica y patrimonio propios, con autonomía de decisión técnica, operativa y administrativa (Centro Público de Investigación),[34] en términos de la Ley de Ciencia y Tecnología. Su obje-

[34] El 16 de junio de 2003 el INIFAP fue reconocido como Centro Público de Investigación (CPI), mediante una resolución conjunta de los titulares del Consejo Nacional en Ciencia y Tecnología (Conacyt) y Sagarpa. Con este reconocimiento, el INIFAP se insertó en un selecto grupo de instituciones científicas de excelencia en el nivel nacional.

to es contribuir al desarrollo rural sustentable, mejorando la competitividad y manteniendo la base de recursos naturales, mediante un trabajo participativo y corresponsable con otras instituciones y organizaciones públicas y privadas asociadas al campo mexicano, y a través de la generación de conocimientos científicos y de la innovación tecnológica agropecuaria y forestal, como respuesta a las demandas y necesidades de las cadenas agroindustriales y de los diferentes tipos de productores.[35] En función de su objeto, el INIFAP tiene como atribuciones la planeación, programación y ejecución de las acciones de investigación científica y desarrollo tecnológico agropecuario y forestal. Cabe señalar que el INIFAP está facultado para suscribir acuerdos, proyectos, contratos y cualquier otro instrumento jurídico con el sector público federal, estatal o municipal; asimismo, con el sector privado de carácter nacional e internacional. Con estas características institucionales, el INIFAP representaba para la FR el canal de comunicación directo para incorporar las semillas de papa transgénica a los productores en todo el país.

El amplio margen de maniobra del INIFAP puede considerarse como una de las fortalezas de este Instituto en el área de investigación en desarrollo agropecuario y forestal. Este margen de acción se fortalece si consideramos la variable territorial que caracteriza esta institución. La influencia del INIFAP abarca todo el territorio nacional, cuenta con ocho centros de investigación regional (CIR'S) y 36 campos experimentales.

[35] Un organismo público descentralizado es una institución creada por disposición del Congreso de la Unión, o en su caso por el Ejecutivo federal, con personalidad jurídica y patrimonio propios, cualquiera que sea la forma o estructura legal que adopten. Como organismo público descentralizado forma parte del sector coordinado por la Secretaría de Agricultura, Ganadería, Desarrollo Rural, Pesca y Alimentación (Sagarpa). Decreto por el que se crea el INIFAP, 17-11-2006.

Cuadro 4
Centros de investigación regional, campos y sitios experimentales en México

Centro de Investigación Regional	*Campo experimental*	*Sitios experimentales*
Noroeste	Valle de Mexicali, Todos los Santos, Costa de Hermosillo, Valle del Yaqui, Valle Fuerte y Valle de Culiacán.	Costa de Ensenada, Valle de Santo Domingo, Caborca, Carbo y Valle de Mayo.
Norte Centro	Sierra de Chihuahua, Delicias, Valle de Guadiana, Pabellón, Zacatecas y La Laguna.	Lázaro Cárdenas, La Campana y Los Cánones.
Noreste	Río Bravo, Sur de Tamaulipas, Saltillo, Gral. Terán y San Luis.	Adjuntas, Aldama, Ebanco, Anáhuac, Zaragoza y Río Verde.
Golfo Centro	Huamanguillo, Cotaxtla, La Posta, Ixtacuaco, El Palmar y San Martinito.	Pichucalco, Papaloapan, Las Margaritas, Playa Vicente y Xalapa.
Centro	Valle de México y Bajío.	Metepec, Valle de Toluca. Norte. de Guanajuato, Tlaxcala, Hidalgo y Querétaro.
Pacífico Sur	Iguala, Valles Centrales Centro de Chiapas, Rosario Izapa y Zacatepec.	Chilpancingo, Costa de Oaxaca, Mixteca Oaxaqueña, Rancho Nuevo y La Norteña.
Sureste	Edzna, Chetumal y Mocochа.	El Tormento, China, San Felipe Bacalar, Uxmal y Tizimin.

Fuente: http://intranet.inifap.gob.mx, 20/08/2007.

En este centro de investigación se concentran 1,104 científicos, de los cuales 17 por ciento tiene nivel licenciatura, 55 por ciento maestría y 28 por ciento doctorado,[36] en áreas relacionadas con las ciencias agropecuarias y forestales.

[36] El INIFAP cuenta también con cinco centros nacionales de investigación disciplinaria (CENID'S), en donde se concentra personal científico especializado en el nivel nacional.

Referente a la investigación en papa, el INIFAP a través del Programa Nacional de Papa, con sede en el Campo Experimental Valle de Toluca (CETOL), se aboca desde 1948[37] a la generación de nuevas variedades de papa con características superiores a las que poseen los genotipos, mediante técnicas de fitomejoramiento (Magallanes *et al.*, 2002).[38]

La participación del INIFAP, en el Proyecto Monsanto-Cinvestav-I se materializó en dos aspectos fundamentales: las pruebas de campo y la identificación del marco jurídico que

[37] El mejoramiento genético de la papa en México está ligado a John Neiderhauser, quien participó en el programa agrícola mexicano de la Fundación Rockefeller; en 1946 inició trabajando en la producción del maíz, el trigo y el haba. Durante los primeros 15 años, trabajando en este proyecto, comenzó a estudiar la producción de papa en México. Durante las siguientes décadas, se centró en la mejora de la producción de la papa en muchos países en vías de desarrollo. La contribución más importante de Niederhauser en México, fue el desarrollo de las variedades de papa con resistencia al tizón tardío, causada por el hongo de Phytopthora patógeno. Este descubrimiento fue posible, gracias al reconocimiento de diversas especies no comestibles silvestres de papa en México, con resistencia al hongo Phytopthora; con esta información, Niederhauser comenzó a generar nuevas variedades haciendo cruzas de líneas resistentes que dieron lugar a una colección de variedades resistentes comercialmente útiles de la papa. Con la forma de trabajar de la Rockefeller, los descubrimientos de Niederhauser fueron difundidos en los países productores de papa, en la región andina, repercutieron en la producción de papas por primera vez con pocos o ningún uso de fungicidas. Cabe señalar que también se le atribuye con los resultados de su trabajo la creación del Centro Internacional de la Papa, apoyado por GGIAR (Grupo Consultivo en Investigación Agrícola), establecido en Lima Perú en 1971, www.cipotato.com, 20/04/2004.

[38] Entre las metodologías de mejoramiento genético que se emplean en el Programa Nacional de Papa destacan: *a*) introducción de material de papa, lo cual permite obtener una variedad a partir de genotipos introducidos para evaluación de un país a otro; *b*) hibridación y selección clonal, mediante lo cual se puede obtener una variedad a partir de un genotipo seleccionado de la progenie de una cruza, posteriormente seleccionado de evaluaciones de generaciones vegetativas; *c*) uso de dihaploides (DH) que implica el trabajo con material de diferentes niveles de ploidía; *d*) selección masal y selección recurrente, la primera consiste en seleccionar material durante generaciones sexuales de polinización libre y la segunda en un método de tres etapas por ciclo. Básicamente las etapas son, autofecundación –selección– recombinación (López, 2001: c.p.).

implica la liberación de la papa transgénica. Específicamente, en esta segunda etapa del Proyecto, la FR patrocinó a Ramiro Rocha Rodríguez, científico del INIFAP, para que trabajara con el doctor Ascencio en la evaluación de materiales resistentes de virus en el campo en Washington. El objetivo de esta estancia fue capacitar a los científicos en los procedimientos y cuestiones importantes para las pruebas de plantas transgénicas en el campo, como los permisos, los protocolos de siembra y las exigencias de colección de datos.[39]

Con la participación del doctor Rocha en las pruebas de campo y pruebas jurídicas, el INIFAP tuvo un acercamiento institucional en la investigación biotecnológica;[40] los científicos del Cinvestav-I estaban conscientes de la dificultad que implicaba relacionarse con los científicos del INIFAP; de allí que su incorporación al Proyecto representó una invaluable oportunidad para iniciar la construcción de relaciones de investigación y no sólo de docencia.

> El Proyecto ha sido muy importante para el INIFAP, sobre todo porque su gente se ha expuesto a la biotecnología, hablan de tres a cuatro personas, pero también están los directores que están enterados, así que no sólo a los investigadores, porque se firman proyectos, se involucra gente, aunque no son investigadores, tienen que oír qué es biotecnología. Era una cosa que INIFAP no podía quedarse atrás, este Proyecto aceleró su incorporación a la biotecnología. Al principio no querían hablarnos, decían por qué Alfa, no, Alfa ya va de salida, eso dijeron hace diez años; no, PVX no es importante. Al principio como tenían sus críticas no nos creían (Rivera, 2001: c.p.).

[39] Información obtenida de la página electrónica de ISAAA, www.isaaa.org, 04/02/2005.

[40] De acuerdo con un estudio de la identificación de las redes de investigación en biotecnología agrícola de maíz en México (Arellano y Ortega, 2005), se puede observar las fortaleza académica de los científicos del INIFAP en esta área, y su contraparte, representada en la credibilidad que tiene la investigación biotecnológica en plantas en el nivel institucional.

La Comisión Intersecretarial de Bioseguridad y Organismos Genéticamente Modificados

La Comisión Intersecretarial de Bioseguridad y Organismos Genéticamente Modificados (Cibiogem) se creó en 1999 con el objeto de coordinar las políticas de la administración pública federal, relativas a la bioseguridad y a la producción, importación, exportación, movilización, propagación, liberación, consumo, uso y aprovechamiento de organismos genéticamente modificados, así como sus productos y subproductos.

Esta Comisión tiene su antecedente en el Comité Nacional de Bioseguridad Agrícola (CNBA),[41] constituido por el gobierno federal en 1989. Actualmente, se conoce como Subcomité Especializado en Agricultura (SEA) y funge como grupo asesor que apoya a la Dirección General de Sanidad Vegetal (DGSV) en la evaluación de la información sobre solicitudes para la liberación en campo de estos productos, así como en el establecimiento de regulaciones y políticas relacionadas con el tema (Cibiogem, 2002). Formalmente, la Cibiogem fue establecida el

[41] En principio, el Comité se abocó a la elaboración de una norma que regulara estos productos, basada en las experiencias de otros países. El 11 de julio de 1995 se publicó la Norma Oficial Mexicana NOM-O56-FITO-1995, por la que se establecen los requisitos fitosanitarios para la movilización nacional, importación y establecimiento de pruebas de campo de organismos manipulados mediante la aplicación de ingeniería genética. Esta norma se deriva de la competencia que le confiere a la Secretaría de Agricultura, Ganadería, Desarrollo Rural, Pesca y Alimentación (Sagarpa). La incursión formal en el campo mexicano, en la producción de plantas biotecnológicas, fue en 1988, a partir de la primera solicitud ante la DGSV, para importar y liberar en campo tomate en Culiacán, Sinaloa, con la característica de resistencia a insectos. Esta solicitud fue aprobada y dio la pauta para la formación de un grupo de expertos que provenían de instituciones como Cinvestav, INIFAP, Universidad Chapingo, Sistema Nacional de Investigación y Certificación de Semillas (SNICS), el Colegio de Posgraduados en Ciencias Agrícolas (CP), así como, la Secretaría de Salud (SS) «http://senasicaw.senasica.sagarpa.gob.mx»7/05/2007.

12 de enero de 2000;[42] asimismo, el Comité Técnico se integró el 10 de febrero y el Consejo Consultivo el 18 del mismo mes de 2000. El primero está integrado por los directores generales (de las respectivas secretarías de Estado) y es coordinado por un secretario ejecutivo.[43]

Respecto al Consejo Consultivo de Bioseguridad, se creó como un órgano de consulta obligatoria en aspectos técnicos y científicos, integrado por 13 investigadores de reconocido prestigio y experiencia en las siguientes disciplinas: salud humana, medio ambiente y biodiversidad, sanidad animal, sanidad vegetal, sanidad acuícola, fitomejoramiento, biología molecular de plantas, biología molecular de animales, biotecnología en alimentos, antropología social, derecho con conocimientos legales sobre bioseguridad de OGM y biotecnología moderna, así como en economía, con conocimientos del uso de la biotecnología moderna.[44]

La Secretaría de Salud

En su función de Secretaría de Estado y su papel relacionado con la biotecnología, la Secretaría de Salud (SS) asume un papel de vigilante y ejecutor.[45] Asimismo, cuenta con la Comisión

[42] El 5 de noviembre de 1999 se emitió el Acuerdo por el que se creó la Comisión Intersecretarial de Bioseguridad y Organismos Genéticamente Modificados (Cibiogem).

[43] Este Comité se encarga de dar seguimiento a los acuerdos de la Comisión y propone la formación de subcomités especializados para la atención de asuntos específicos. Las secretarías que integran la Comisión son: la Sagarpa, la Semarnat, la Secretaría de Salud, la SEP, la SHCP, la SE y el Conacyt.

[44] Los miembros de este Comité son elegidos mediante convocatoria pública emitida por el Consejo Nacional de Ciencia y Tecnología; podemos destacar que los requisitos incluyen la pertenencia al Sistema Nacional de Investigadores.

[45] Desde 1995, la Secretaría de Salud ha evaluado OGM's, habiendo aprobado hasta el momento 49 proyectos de transformación que incluyen productos como: jitomate, alfalfa, papa, algodón, canola, soya, remolacha y maíz.

Federal para la Protección contra Riesgos Sanitarios (Cofepris),[46] que es la dependencia responsable de la evaluación de la inocuidad de los alimentos obtenidos mediante biotecnología moderna. La Cofepris tiene la obligación de aplicar la política nacional contra riesgos sanitarios en materia de alimentos y productos biotecnológicos. Además, de acuerdo con el Título Quinto de la Ley de Bioseguridad de Organismos Genéticamente Modificados, corresponde a la Secretaría de Salud evaluar los estudios sobre posibles riesgos en el consumo de alimentos transgénicos.[47]

Los productores de papa en México

En México es posible distinguir dos tipos de productores de papa. Por un lado, están los productores industrializados con una moderna irrigación y una buena organización, quienes utilizan semilla certificada producida por ellos mismos o por sus propias organizaciones de productores; tienen bajo control

[46] Es un órgano desconcentrado de la Secretaría de Salud con autonomía técnica, administrativa y operativa que tiene como misión proteger a la población contra riesgos sanitarios, para lo cual integra el ejercicio de la regulación, control y fomento sanitario bajo un solo mando, dando unidad y homogeneidad a las políticas que se definan, www.cofepris.gob.mx/pyp/biotec/p_22_1.htm, 13/04/2007.

[47] El funcionamiento de la Cofepris se vio cuestionado recientemente con la denuncia de Greenpeace de la contaminación de arroz. En agosto de 2006, el gobierno estadounidense reconoció que el arroz comercial de ese país se había contaminado con el transgénico experimental LL601 de la compañía Bayer, no aprobado para consumo humano. Esta contaminación del arroz con transgénicos ha sido ya calificada como la peor crisis para los arroceros en Estados Unidos. A raíz de este escándalo, varios países limitaron sus importaciones de arroz estadounidense, excepto el mayor comprador: México. De hecho, 80 por ciento del arroz que se consume en nuestro país proviene de Estados Unidos, por ello los mexicanos están en riesgo de estar consumiendo un arroz transgénico ilegal. A la fecha, el arroz estadounidense contaminado se ha encontrado en 19 países alrededor del mundo, www.greenpeace.org/mexico/campaigns/ingenier-iacute-a-gen-eacute-t, 15/03/2007.

los problemas fisiopatológicos con una fuerte aplicación de productos químicos, incluyendo el control integrado de insectos. En este grupo podemos identificar a la Confederación Nacional de Productores de Papa de la República Mexicana (Conpapa); dentro de sus principales logros está el haber obtenido, en el marco del Tratado de Libre Comercio, 272 por ciento del arancel desgravable a 10 años para la papa fresca. La superficie promedio de este grupo de productores es de 7.45 hectáreas por productor (Galicia, 2000).

Por otro lado, están los pequeños productores que ocasionalmente utilizan semilla certificada, producen papas bajo condiciones no irrigadas y no realizan un número elevado de aplicaciones químicas. Sus semillas de papa son por lo regular los restos de las empleadas en la siembra pasada, así como los sobrantes que no pudieron ser vendidos en el mercado por su tamaño pequeño y baja calidad. Este tipo de productores no pueden costear el precio de la semilla certificada, pues los precios son altos en comparación con la semilla de papas que pueden manejar los productores, que compran en el mercado fresco. Esta situación es especialmente evidente en la temporada de alta producción, donde el precio del mercado es bajo (Rivera, 1995).[48]

El proceso de compra-venta de la papa en México se inicia desde el momento mismo de la recolección del producto en las parcelas, al ser comprada por comisionistas e intermediarios antes de llegar a los centros de acopio, distribución y comercialización a los consumidores finales. De la producción total nacional de este producto, cerca del 73 por ciento se destina al consumo en fresco, 10 por ciento para uso industrial (frituras, botanas, etc.) y el restante 17 por ciento es utili-

[48] La situación del pequeño productor de papa está analizada a detalle en el libro *Impactos sociales de la biotecnología: el cultivo de la papa*, Chauvet *et al.*, 2004.

zado como semilla para la siembra en los próximos ciclos. De acuerdo con la Conpapa, el mecanismo principal en el proceso de compra-venta de la papa es el que se da entre los bodegueros, mayoristas e intermediarios; de estos últimos los principales se localizan en Michoacán, Puebla, Silao, Zamora, Huamantla y León. Este proceso se realiza para captar la mayor cantidad del producto, mismo que posteriormente se distribuye entre las tiendas de autoservicio, mercados públicos, tianguis y demás centros de venta. En otras palabras, los principales mayoristas se abastecen de papa a través de los siguientes mecanismos: producción propia, compra directa a productores, compras a comisión, asociación con productores, compra a intermediarios y/o compra a otros bodegueros.

Estos mecanismos en proceso de producción y comercialización convierten a la Conpapa en una de las organizaciones agrícolas más fuertes del país, con 21 organizaciones afiliadas. En lo referente a la papa destinada a la industria, las compañías procesadoras, que son las principales compradoras de papa en el país, establecen contratos previos con los productores para asegurar el abastecimiento de la materia prima. A través de este mecanismo, los productores reciben financiamiento, asesoría técnica sobre el proceso de producción, condiciones de venta y la colocación asegurada de sus productos.[49]

Sistema Nacional de Inspección y Certificación de Semillas

El Sistema Nacional de Inspección y Certificación de Semillas (SNICS) es un órgano desconcentrado de la Secretaría de Agricultura, Ganadería, Desarrollo Rural, Pesca y Alimentación

[49] www.siap.sagarpa.gob.mx, 23/06/2007.

(Sagarpa) encargado de normar y vigilar el cumplimiento de las disposiciones legales en materia de semillas y variedades vegetales. Las actividades que realiza este sistema se ubican en tres rubros: *a*) verificar y certificar el origen y la calidad de las semillas durante su proceso de producción en campo, beneficio y acondicionamiento, hasta su almacenamiento y comercialización; *b*) proteger legalmente los derechos de quien obtiene nuevas variedades de plantas por medio de un derecho de obtentor, en el entendido de que las variedades vegetales mejoradas son el resultado de la investigación agrícola que requiere invertir grandes recursos (en tiempo, materiales y humanos). Por ello, para apoyar la investigación y la transferencia de tecnología, existe la Ley Federal de Variedades Vegetales, la cual protege los derechos de obtentor a favor de quien logra una nueva variedad. Para ello, las variedades deben ser diferentes, homogéneas y estables, además de poseer una denominación que las identifique claramente, y *c*) coordinar acciones en materia de recursos fitogéneticos para la alimentación y la agricultura. El SNICS establece, conjuntamente con otras dependencias e instituciones vinculadas, políticas, acciones y acuerdos internacionales sobre conservación, acceso, uso y manejo integral de los recursos filogenéticos para la alimentación y la agricultura.

Para auxiliarse en sus funciones, el SNICS cuenta con 38 unidades foráneas distribuidas en el territorio nacional. En estas unidades se efectúa la inscripción de los programas de producción de semillas certificadas, a los que se da seguimiento para el otorgamiento de la etiqueta de certificación como garantía de que la semilla ha sido reducida con las normas técnicas de campo y laboratorio establecidas. También se ofrecen servicios de muestreo y análisis de semillas, además de participar activamente en la promoción y difusión de las actividades de certificación de semillas;

registro de variedades vegetales y de conservación, y uso sustentable de recursos filogenéticos.[50]

El virus del enrollamiento de la hoja de papa (PLRV)

El virus PRLV es un *Luteovirus*, limitado al floema, el cual es trasmitido por áfidos[51] de manera persistente. En contraste con el PVY y AMV,[52] el PLRV toma más tiempo en ser adquirido (20-30 minutos) y trasmitido (24-48) por los áfidos, ya que necesita moverse dentro del aparato digestivo del insecto a través de su cuerpo y volver a salir por las glándulas salivales. Los síntomas de PLRV incluyen el característico hábito erecto y el enrollamiento hacia adentro de las hojas, clorosis (amarillamiento) o enrojecimiento, hojas con textura coriácea, necrosis del floema (manchas muertas a lo largo de las venas de las hojas), enanismo (reducción de la altura) de la planta y necrosis en red en los tubérculos. La severidad de la necrosis en red dependerá del momento en que la planta fue infectada, y este síntoma puede aumentar durante el almacenamiento.

Las organizaciones no gubernamentales ambientalistas

En México, se encuentran registradas aproximadamente 1,464 Organizaciones No Gubernamentales[53] (ONG's) en el rubro de

[50] www.sagarpa.gob.mx, 30/09/2007.

[51] Los áfidos son insectos chupadores que extraen grandes cantidades de savia, causando que las hojas y tallos se enrollen. Este crecimiento torcido se puede confundir con una lesión de herbicida. Como resultado, la planta saca un poco de savia azucarada (ligosa), lo que hace pegajosa a la planta. Los áfidos pueden transmitir patógenos a las plantas, www.urbanext.uiuic.edu, 10/10/2006.

[52] Virus del Mosaico de la Alfalfa.

[53] De acuerdo con información de la página, www.redverdes.com, 12/06/2003, en la década de 1980 el movimiento ambientalista mexicano fue

la protección al medio ambiente, en áreas específicas como agricultura orgánica, agua, cambio climático, conservación, desarrollo comunitario, ecoturismo, educación, información y cultura; gestión y derecho ambiental, política ambiental, manejo de residuos y basura; salud ambiental, tecnología alternativa, transgénicos, transporte y calidad del aire. En este numeroso grupo de organizaciones, se encuentran asociaciones de profesionistas, zoológicos, parques y acuarios particulares, grupos de ecologistas vinculados con la producción agropecuaria y forestal, así como grupos conservacionistas de áreas urbanas.

Respecto a la investigación y empleo de los OGM en la agricultura, destaca la organización ambientalista internacional, Greenpeace. Esta ONG trabaja en México desde 1993, investigando y documentando problemas ambientales en los niveles regional y nacional. Una de las campañas de esta ONG es la de ingeniería genética; su función principal es darle seguimiento a la investigación, liberación de OGM en México y, en caso necesario, denunciar las acciones que consideran fuera de la ley, específicamente la contaminación por OGM.

El punto central que defiende esta campaña (y de toda la filosofía de esta ONG en el nivel internacional) es que los OGM representan un intento de control de la producción de alimentos por parte de las poderosas corporaciones biotecnológicas y agroquímicas, además de constituir una amenaza de contaminación irreversible de México (Ampugnani, 2006).[54]

---

uno de los más aguerridos y combativos, abanderando por ejemplo la defensa de áreas naturales del país o luchando contra la instalación de la planta nuclear de Laguna Verde. Pero a diferencia de los movimientos conservacionistas del primer mundo, en América Latina estos grupos incorporaron en sus visiones aspectos políticos, sociales, económicos y culturales para lograr el aprovechamiento adecuado de los recursos naturales, lo que hoy se conoce como desarrollo sustentable.

[54] Esta organización participó activamente en la difusión del descubrimiento de contaminación genética con maíz transgénico en diversas variedades nativas en Oaxaca, en 2001. Actualmente, se ha manifestado en contra

Entre las estrategias que emplea Greenpeace para realizar su trabajo están la educación ambiental, la difusión de información, la ejecución directa de proyectos, la denuncia y la presión, así como recomendaciones, elaboración de políticas, proyectos productivos y desarrollo de ecotecnologías.

Como vimos anteriormente, para los actores precedentes de la red, se trataba de estabilizar los problemas derivados de la primera etapa. Esta estabilización planteaba el problema del éxito agronómico de las papas transgénicas y del ambiente legal e institucional para su liberación al mercado, así como la recepción de los productores que se interesarían en estas papas. En esta segunda etapa veremos cómo los colegas científicos aceptaron y reconocieron necesaria la participación del INIFAP y de otras instituciones para modificar y liberar la papa, de modo que produzca sus propias defensas contra tres virus.

Tejiendo los hilos de la red de papa mexicana resistente a virus

El problema inicial está en función de la donación de Monsanto al Cinvestav-I del gen que confiere resistencia a PLRV (virus del enrollamiento de la hoja), con el propósito de incorporar este rasgo a las variedades de papa resistentes a los PVX y PVY. En esta ocasión Monsanto donó también la construcción genética y autorizó la transformación para resistencia a PLRV en otras 12 variedades más, pero prohibió la transformación de la variedad Alfa resistente a PLRV (Commandeur, 1996).

---

del Tratado de Libre Comercio de América del Norte (TLCAN) para granos básicos como maíz y frijol, pues la liberación del comercio del maíz en especial, además de traer efectos adversos a la economía de los productores mexicanos, consideran que ha causado daños en la biodiversidad, ya que no se distingue entre el maíz convencional y el transgénico.

El acuerdo de donación, firmado en noviembre de 1995, señala que la empresa Monsanto otorga al Cinvestav-I una regalía no exclusiva y una licencia para usar su tecnología. El Cinvestav-I está autorizado para desarrollar, reproducir, usar y vender las generaciones adicionales de papas resistentes a los virus PVX y PVY en México, Centroamérica, Sudamérica y África. En el momento de la firma de esta segunda fase del Proyecto, los negociadores aceptaban un proyecto que transfería genes PVX y PVY; así como, la posibilidad de transformar 10 variedades de papa. En esta ocasión, los científicos del Cinvestav-I gozaban de mayor poder en la medida que habían estabilizado el plásmido PMON18770, que podían incrustarlo en el genoma de la papa y que controlaban los procedimientos complementarios a la transgénesis. El *espacio de negociación* que los investigadores del Cinvestav-I crearon se refrendaba por un periodo de cuatro años más. Es necesario aclarar que la formulación de hipótesis y la delimitación de los actores eran, en su mayor parte, derivadas de la experiencia precedente. El doctor Rivera expresa esta situación:

> Monsanto nos dio un nuevo plásmido que traía resistencia al virus PRLV, entonces primero, lo que queríamos hacer es tomar este nuevo gen e incorporarlo al plásmido 18770 que ya tenía PVX y PVY, y meterlo ahí junto para que tuviera muestras y volver a transformarlo. Sin embargo, esto ha tenido sus problemas desde el punto de vista metodológico, pues son PVX, PVY, PRLV y kanamicina; ya eran cuatro genes. Uno de los problemas a los que me refiero es que como ya eran cuatro genes, éstos llevan pedazos de DNA promotores de genes, en tres casos el mismo. Entonces, aparentemente, esto crea cierta inestabilidad al plásmido (Rivera, 2001: c.p.).

Este segundo proyecto afrontaba la aparición de papas mexicanas genéticamente modificadas, la construcción de la normatividad implícita de esas nuevas plantas y la formación de grupos de especialistas responsables de operar la normatividad. Dicho de otra manera, se trataba de la aparición física, legal y de mayor amplitud social de la papa transgénica mexicana.

Estrategias científico-técnicas de los investigadores

Si el primer programa parecía tener el desafío de producir papas transgénicas resistentes a dos virus, sin reflexionar mayormente de las repercusiones sociales de esta estrategia, ahora se trataba de extrapolar los conocimientos de transformación genética en la papa Alfa y de construir sus relaciones legales e institucionales. Los productores se volvían entidades más cercanas, al vislumbrar las formas de liberación de las semillas al mercado. En esta estrategia, los grupos de presión contra los OGM, incluidos los consumidores, no tenían identidad específica alguna, pero con las papas transgénicas mexicanas encontrarían el objeto de sus acciones.

La definición de los problemas científico-técnicos

Establecida esta nueva etapa del Proyecto Monsanto-Cinvestav-I, el desarrollo se organizó en torno a varias cuestiones, entre las cuales destacan la transformación de variedades mexicanas de papa, en conformidad con el protocolo de la transformación de la variedad Alfa; los problemas derivados del registro de las plantas transformadas; las cuestiones relacionadas con la bioseguridad; los mecanismos de distribución de semilla de papa a los productores, y los permisos relacionados con el uso alimentario de la papa transgénica.

En este momento, la hipótesis que se planteaban los científicos consistían en la posibilidad de que ciertas papas mexicanas, proporcionadas por el INIFAP, toleraran las manipulaciones genéticas de la misma forma que la Alfa; asimismo, si las instituciones mexicanas aprenderían rápidamente a asimilar la puesta en el mercado de las papas transgénicas. Aquí se podía retomar la misma hipótesis del inicio: ¿la experiencia de transferir genes patentados, por empresas trasnacionales a un país en los que se distribuirían en libre acceso, tendría algún futuro en la promoción de nuevas técnicas agrícolas? La respuesta del grupo de investigadores expresada, en voz de su líder, fue:

> Este Proyecto es el primer ejemplo de transferencia de tecnología de una compañía a una institución, entonces la Rockefeller quería ver si este tipo de transferencia era viable, porque nosotros obtendríamos un producto, porque mucho de los productos de la Rockefeller era enviar a un científico, por ejemplo a Kenia. Va el científico, ve el problema y dice, "háganle así y ya", y la gente así aprende, no a sembrar al revés, sino al derecho, y no alcanza la capacidad de los receptores, sólo ellos aprenden a darle la vuelta y ya. Y en este producto, la idea era la transferencia de tecnología, no la papa resistente, porque hubiera sido más barato si Monsanto hubiera hecho la papa en Estados Unidos. La papa Alfa resistente nos la hubiera mandado, a lo mejor lo hubiera hecho en la mitad del tiempo y la hubiera mandado y nada más aquí, propagarla y ya. Pero el proyecto no es la papa, sino la transferencia. Era más barato sobre todo en rapidez, tienen ellos todo y en gran escala (Rivera, 1998: c.p.).

En esta etapa, la transgénesis ya no representaba un problema de carácter técnico, ahora los científicos tenían problemas de carácter menos biotecnológicos; al contrario, los retos se relacionaban con asuntos como el éxito agronómico, la bioseguridad y las condiciones para la regulación de los vegetales modificados genéticamente.

Respecto al primer reto, la participación de los científicos del INIFAP conllevaría cambios importantes en el Proyecto Monsanto-Cinvestav-I, pues el manejo de los conocimientos agronómicos de la papa representaría un elemento más esencial en la tecnología de la transformación de la papa resistente al virus.

> Este Proyecto introdujo a mucha gente de INIFAP a la biotecnología, eso es importante desde el punto de vista de Monsanto y de cualquier compañía, porque mientras más sepa qué es la biotecnología pues le ayudan a ellos, cuando ellos quieran registrar un producto o cuando quieran hacer algo ya saben de que están hablando (Rivera, 1999: c.p.).

La formulación de hipótesis

En esta época, 1996, la formulación de hipótesis científico-técnicas y de sus posibles soluciones fueron los siguientes: para Monsanto, se trataba de observar la aplicación legal de los genes donados y del compromiso asumido de otorgar las semillas de papa de manera libre y gratuita. En esta etapa, la FR y el ISAAA mantienen su posición filantrópica, en espera de los resultados en campo y, en especial, en las diferentes acciones que se emprenden para la construcción de la normatividad para el cultivo de las semillas transgénicas.

Para los científicos mexicanos, se trataba de transformar rápidamente las papas de interés comercial, y de lograr la estabilidad de los protocolos para involucrarse en planos de mayor envergadura, uno de éstos fue la investigación de otras resistencias virales en otras plantas. Pero principalmente se trataba de establecer la adhesión de los científicos del INIFAP al Proyecto, específicamente, a los experimentos de campo y a la propagación de la semilla.

Para INIFAP, consistía en manifestar su fortaleza en la caracterización agronómica, pues los científicos del Cinvestav-I reconocían sus limitaciones para realizar este trabajo.

> En el invernadero, las condiciones son estándares, no son como en campo cuando están a la intemperie; hay veces que las plantas en invernadero se muestran resistentes, allí en el campo no lo son o al revés. Entonces, hay que llevarlas a campo, hacer ensayos en campo como debe ser, pero no sólo hay que llevar las líneas y ver que se comporten como la papa normal que den buen tubérculo, de buen tamaño y esto es lo que nosotros le llamamos características agronómicas, que es precisamente lo que está haciendo INIFAP. Necesitamos paperos, son los que tienen la experiencia agronómica; hay veces que uno ve en el invernadero una papa que se ve bien, se ve resistente y las llevas a campo y ahí se ve chueca, o se ve las hojas que tiene cosas raras, es muy baja la proporción. Pero, de vez en cuando, sale una cosa que ellos le llaman *out type* (fuera de tipo) y ésas se descartan; pero, muchas veces, uno no lo ve hasta que están en campo (Rivera, 1999: c.p.).

Para el área de vigilancia sanitaria, se planteaban: ¿qué institución debería registrar las papas transgénicas; sería el Cinvestav-I, en asociación con el INIFAP o sólo el Cinvestav-I?, ¿quién erogaría el pago del registro?

> Cuando unas papas se van a utilizar como semilla, ellos supervisan esos campos; en nuestro caso las papas que estábamos produciendo, íbamos a llevar a otro lado a plantar. Entonces, se va a usar como semilla; ellos revisaron que el campo estuviera bien en realidad para que nosotros pudiéramos poner la semilla. Ahora el problema de plantas transgénicas con el virus del PRLV a nivel regulación, de legislación, no está muy claro qué es lo que va a tener. Las papas transgénicas se pueden patentar, pero una variedad no se puede patentar, se tiene que registrar a través de los cánones, de la Unión Internacional para la Protección de las Obtenciones Vegetales (UPOV)[55] (Rivera, 1999: c.p.).

[55] En el proyecto se establece el reconocimiento y garantía de un derecho al obtentor una variedad vegetal nueva o a su causahabiente (designado en adelante por la expresión "obtentor") www.sagarpa.org.mx, 12/11/2007.

Aunado a lo anterior, el problema del registro enfrentaba a los investigadores al desafío de registrar una planta con dos genes, pues en Estados Unidos sólo se permite el registro de las plantas que tienen un solo gen exótico y, finalmente, se enfrentaron al desarrollo de los trámites para el registro de las variedades de papas, en la Secretaría de Salud, como producto alimentario.

Al planteamiento de estas preguntas y los retos a los que se enfrentan los científicos del Proyecto Mosanto-Cinvestav-I, se asocia el reconocimiento de nuevos actores, que le confieren una nueva perspectiva al Proyecto en función de la investigación y la colaboración institucional.

Las relaciones entre las hipótesis y los actores

Las relaciones entre las hipótesis y los actores planteaban la coordinación entre la preparación técnica de las variedades de papa mexicanas para su siembra comercial y la participación del INIFAP y de otras instancias de regulación de semillas agrícolas. En esta etapa, la relación entre hipótesis y actores adquirió la siguiente forma: los investigadores del Cinvestav-I deberían transformar las variedades de papa mexicanas contra virus PVX, PVY, PRLV y realizar pruebas agronómicas de campo mediante protocolos de bioseguridad.

El éxito del esquema de protección genética, propuesto, dependía de la inserción del plásmido PMON10770 en variedades mexicanas así como su regeneración y su liberación comercial. Se trataba de la construcción de nuevas relaciones con instituciones mexicanas, responsables de la regulación legal de semillas, y con los potenciales productores de semillas de papa; se trataba de crear una nueva relación entre genes PVX, PVY y PRLV con otras instituciones mexicanas para convertir en realidad su existencia.

> Este Proyecto sólo va a tener éxito cuando la Secretaría de Agricultura, alguien de la Sagarpa o en la Subsecretaría, lo tome como propio; no podemos seguir pidiéndole dinero a Rockefeller para propagar una hectárea. Nunca vamos a llegar a nada serio si no hay un compromiso ya institucional del gobierno federal que digan, sí nos interesa que estas papas lleguen a los pequeños agricultores, vamos a venderlas en este programa, se va a propagar y se van a distribuir así (Rivera, 2001: c.p.).

La estrategia social del Proyecto consiste en incorporar el plásmido en una extrapolación final de las tecnologías desarrolladas previamente; en la transformación y puesta en cultivo de papas mexicanas para relacionarlas con instituciones agronómicas, y en la regulación de semillas agrícolas.

La instrumentación de la manipulación de los actores (la interposición de los científicos)

Como mencionamos anteriormente, la instrumentación de la manipulación de las científicos es la acción de una investigación que permite aislar a los actores de sus relaciones precedentes, para suplantarlas por un dispositivo de manipulación de interrelaciones, dirigida a la búsqueda controlada de respuestas a los problemas de estudio. Para continuar con el desarrollo del Proyecto Monsanto-Cinvestav-I, el comportamiento de los actores debería de ser el siguiente:

a) Monsanto donaba el plásmido PMON18770 al Cinvestav-I bajo ciertas restricciones de introducción en variedades específicas y no exportables, además de estar dispuesto a: "proveer información científica o datos para soportar las aprobaciones gubernamentales" (Commandeur, 1996).

> Con el nuevo plásmido que nos proporciona Monsanto, es el gen de la replicasa,[56] que codifica para resistencia al virus que se llama enrollamiento de la papa y les da muy buena resistencia, y este virus es probablemente más importante o provoca daños más fuertes que los mismos PVY y PVX, entonces nos interesa trabajar con este virus. Hubo características diferentes a la primera parte del Proyecto. En el Proyecto anterior, Alfa era la principal de alguna manera de Monsanto, vio que había posibilidades de desarrollos comerciales para Alfa y el gen de la resistencia a PLRV, entonces, no ha querido dar la licencia para usar esos genes de resistencia en otras variedades de papa, incluyendo norteña y rosita, y una lista que tenemos por ahí de otras ocho variedades (Rivera, 2001: c.p.).

b) El INIFAP debía, además, legitimarse como la instancia para validar agronómicamente; debía introducirse de lleno a los procesos de investigación en ingeniería genética, para que, por medio de su fortaleza institucional, pudiera crear los mecanismos de colocación de semillas a los productores mediante sus programas de distribución. Aunado a esto, el INIFAP donaría las variedades de papa de interés comercial en México y participaría en las pruebas de campo para seleccionar las líneas agronómicamente relevantes.

> Los agrónomos del INIFAP entran en el momento que tenemos que llevar a campo, porque desde la selección del suelo, como se va a manejar el transplante [...] la primera prueba de campo que hicimos nosotros fue aquí donde está la caseta de la entrada, allí cercamos una hectárea [...] vino la gente de INIFAP, nos dijo cómo, porque no es lo mismo transplantar a una maceta que al suelo y cada cuándo regarlas y fertilizar, esto lo hace totalmente hasta el final (Rivera; 1999: c.p.).

[56] Replicasa se refiere a la enzima responsable de la síntesis de ARN, progenie de cualquier polaridad.

El Cinvestav-I haría la transformación genética de las plantas, proporcionadas por el INIFAP, además del seguimiento de las pruebas agronómicas, encaminadas para su registro en el padrón de variedades legalizadas (SNICS) y las enfocadas a la bioseguridad y riesgo ambiental.

Este momento de la historia técnica, de la transgénesis de papas en México, podemos sintetizarlo para visualizarlo en su totalidad. Esta historia se desarrolla en 10 años, se transfieren dos plásmidos, se hacen participar 12 variedades de papa y se desarrolla la investigación en dos localidades de dos países (véase figura 4).

El SNICS conocería las pruebas de comportamiento de las semillas, para obtener su registro nacional; en ese entonces, el Comité Nacional de Bioseguridad Agrícola (ahora Cibiogem) debería conocer los protocolos de bioseguridad, y la Secretaría de Salud debería otorgar un permiso para el consumo alimentario de los productos derivados después de hacer el seguimiento de que no existen riesgos contra la salud.

Figura 4
Proyecto Monsanto-Cienvestav-I
Intervención sobre el genoma de la papa

Año	*Plásmido*	*Papa*	*Lugar*
1991	9898 (M)	Russet Burbank (M)	St. Louis
1992	9898 (M)	Alpha (CIPeru-CMx)	St. Louis, Peru
1993	9898 (M)	Alpha (CMx)	EU-Mex
1993	18770 (M-CMx)	-----	Monsanto St. Luis
1994	18770 (M-CMx)	Alpha (CMx)	EU-Mex
1995	18770 (M-CMx)	10 variedades (INIFAP)	
1996-1999	18770 (M-CMx)	Norteña, Rosita y Alpha	Centro América, África y Asia

Fuente: Arellano y Ortega, 2003b.

Los científicos organizaron las identidades de los actores y el conjunto de relaciones entre las hipótesis y los actores en una red de alianzas estratégicas, de la siguiente manera: el proceso que inicia con la hipótesis de la transferencia de tecnología, para proteger la papa de los virus con los que se experimentó en la primera etapa PVX y PVY, avanza con la incorporación del virus PRLV; asimismo, con la definición de un esquema de asociaciones necesarias para transformar y liberar papas transformadas genéticamente y, así, para resistir los ataques de tres virus en las condiciones de México.

Frente al conjunto de actores, los científicos del Cinvestav-I procurarán ubicarse en la posición central para conservar la representatividad frente a los nuevos actores participantes. El nuevo financiamiento de la FR permitió al Cinvestav-I conservar y acrecentar su espacio de negociación y expandir su centro de hibridación.

Respecto al crecimiento del espacio de negociación, tenemos que con el reconocimiento de las hipótesis los investigadores obtuvieron un medio favorable para desarrollar la idea de transformar 10 variedades de papa. El doctor Rivera considera que:

> Cuando Monsanto nos dio un nuevo plásmido que traía la resistencia al PRLV, entonces primero lo que nosotros queríamos hacer era tomar este nuevo gen e incorporarlo al plásmido 18770, ya que tenía PVX y PVY, y meterlo ahí todo junto para que tuviera muestras y volver a transformarlo. Sin embargo, esto ha tenido sus problemas desde el punto de vista metodológico, y aparte de tener PRLV, PVX y PVY y kanamicina, ya eran cuatro genes y ha habido unos problemas en el sentido de que los cuatro genes llevan pedazos de DNA promotores de los genes. En tres casos el mismo, entonces aparentemente esto crea cierta inestabilidad al plásmido. Monsanto encontró lo mismo también allá y tuvieron muchos problemas, entonces seguimos trabajando con eso, creamos un plásmido apa-

> rentemente más estable, y por otro lado tomamos el plásmido que tenía únicamente PRLV y también lo usamos para transformar. Entonces, teníamos las dos opciones; es bueno tener diferentes alternativas, diferentes posibilidades, a lo mejor hay lugares donde el PRLV, SEA muy importante y no sea muy importante el PVX y PVY, a lo mejor con esa línea nos vamos a ir allí, pero entonces tenemos las dos opciones (Rivera, 2001: c.p.).

Interesados por los últimos resultados de la investigación y por la posibilidad de movilizar los genes en las vastas redes de instituciones, de leyes, de la agricultura, la economía y la imagen política, los investigadores refrendaron por cuatro años un financiamiento de la FR, para proseguir los ensayos tendientes a poner en cultivo las papas resistentes a tres virus y, simultáneamente, los trámites para legalizar la siembra de papas transgénicas.

El centro de hibridación se muestra en la forma como la FR condiciona la participación del INIFAP, para la realización de pruebas en campo y de bioseguridad; los investigadores del Cinvestav-I construyeron relaciones con las instituciones para ensayar agronómicamente con las papas transformadas.

Los instrumentos materiales y metodológicos para administrar un proceso de hibridación socionatural contaron con laboratorios y herramientas y los instrumentos metodológicos fueron los métodos científicos y los procedimientos técnicos del Cinvestav-I y del INIFAP, principalmente.

El objetivo de esta fase era estabilizar agronómicamente la papa y crear los mecanismos para su registro y control bioseguro, con el apoyo de la FR, para realizar pruebas de campo en las localidades de Saltillo, Toluca, Navojoa y en la región del Bajío.

El dispositivo de interposición y de asociación, para la alteración del genoma de la papa, tenía su equivalente en la organización de los actores sociales; y, en esta fase, se podría lograr un acercamiento al conocimiento de la recepción institucional agrícola de la papa transgénica.

La intervención sobre los actores

En este apartado, veremos cómo los científicos del Cinvestav-I pretendieron hacer aceptar a los actores la función evocada para que, de esta forma, colaboraran en la realización del proyecto científico-técnico. La intervención sobre los actores se desarrolló de la siguiente manera:

a) Intervención sobre el genoma de la papa, con los genes de los virus PVX, PVY y PRLV, se llevó a cabo sin mayores problemas. En efecto, después de que el plásmido PMNO18770 se desarrolló, la técnica de transgénesis funcionó en Alfa, pero también en el resto de las variedades mexicanas. Sin embargo, el problema mayor no sería más la transgénesis, sino el hecho de que la regeneración sería diferente para cada caso.

> La variedad mexiquense presentó muchos problemas para su regeneración por medio de cultivo de tejidos, de modo que era muy ineficiente. De modo que fue descartada del Proyecto; en cambio, Norteña y Rosita fueron escogidas para proseguir las investigaciones agronómicas. Norteña nunca dio problemas y fue relativamente fácil su transformación y regeneración. En cambio, Rosita tenía una baja eficiencia en transformación y difíciles condiciones en su regeneración por medio de cultivo de tejidos, pero se decidió continuar por ser una variedad importante en ciertas regiones del país (Rangel, 2005: c.p.).

Este éxito de transformación y regeneración de las variedades Alfa, Norteña y Rosita sirvió para extender el centro de hibridación desde los laboratorios del Cinvestav-I a los campos experimentales del INIFAP, representativos de las principales regiones productoras de semilla de papa en México.

b) La participación de los investigadores del INIFAP era doble; por un lado, ellos proveían las líneas de intervención genética y, por otro, experimentaban agronómicamente con las líneas transformadas. El INIFAP proporcionó para su transformación líneas de las variedades Alfa, Norteña, Mexiquense, Rosita, Tollocan y otras líneas marcadas con número, por no estar liberadas al mercado.

Después de la regeneración en el laboratorio, se realizó la primera prueba en los invernaderos del Cinvestav-I. Fue después de la selección llevada a cabo por los investigadores del Cinvestav-I, que se pasan las líneas a su experimentación en los campos del INIFAP.

> Es la primera vez que nos han permitido a nosotros llevar un producto desde el laboratorio hasta el campo y esto fue importante porque teníamos la experiencia en campo; entonces, ya se pueden hacer otros productos, porque ya sabemos cómo hacerle. Ya estamos integrados con INIFAP (Rivera, 1999: c.p.).

Hasta aquí, los científicos tienen un margen de maniobra que les permite negociar con los actores involucrados, específicamente la manipulación de las variedades de papa y los científicos del INIFAP. La situación se torna complicada en los asuntos relacionados con la indefinición de la bioseguridad y la presión de la ONG ambiental en contra de la biotecnología, lo que trae encadenados los límites para la liberación de las semillas, de papa transgénica, a los productores mexicanos.

c) Para los científicos, la construcción del ambiente legal para la investigación, liberación y consumo de la papa transgénica se convirtió en un aspecto decisivo para el desarrollo de esta segunda etapa del Proyecto. Lo anterior, en la medida que, con la creación de la Cibiogem, se esperaba que se avance en la constitución de un marco legal, confiando en la participación, dentro de esta Comisión, de la Secretaría Ejecutiva,[57] por parte de un científico del Cinvestav-I.[58]

Sin embargo, la propia estructura orgánica de la Cibiogem ha repercutido en la indefinición de sus funciones, lo que llevó a la renuncia de los integrantes del Consejo Consultivo de Bioseguridad en 2002; la razón principal fue la inactividad de las dependencias –las secretarías de Ambiente, de Agricultura y de Salud, que forman parte de la Cibiogem–, ante la situación de los transgénicos en el país, luego de confirmarse la presencia de maíz transgénico en Oaxaca (Enciso, 2003).

d) Respecto a la participación del SNICS, los científicos del Cinvestav-I decidieron registrar la papa transgénica ante éste como una variedad de papa y no la patente ante el Instituto Mexicano de la Protección Intelectual (IMPI). Lo anterior se debía a que reconocían algunas lagunas que les dificultarían el proceso de patentamiento en México, considerando que no cuentan con un área o departamento relacionado con el registro de patentes; aunado a esto se suman las complicaciones generadas en un ambiente adverso para la invención biotecnológica.

e) Para los científicos del Cinvestav-I, una de las aristas del Proyecto era la transferencia de la semilla a los productores,

[57] Conforme a las "Reglas de Operación de la Cibiogem", el secretario ejecutivo de la Cibiogem fungía como enlace entre ésta y el Consejo Consultivo de Bioseguridad (ahora Científico).

[58] El doctor Víctor Manuel Villalobos Arámbula ha sido en dos ocasiones el secretario ejecutivo de la Cibiogem, en el periodo de enero 2000 a julio 2001, y de octubre 2003 a diciembre 2004. Es doctor en morfogénesis vegetal por la Universidad de Calgary, fue director del Cinvestav-I en el periodo 1995-1997. Actualmente es subsecretario de Agricultura de Sagarpa. En el Proyecto Monsanto-Cinvestav-I colaboró en la presentación de los resultados de la primera parte del Proyecto en 1996, en un Seminario de Política Biotecnológica Agrícola, en Perú.

misma que fue una de las condicionantes para el segundo financiamiento de la FR. En ese sentido, los científicos reconocían a qué tipo de productores se podría involucrar, dependiendo de las características económicas de los interesados en sembrar la papa transgénica, en función de los problemas que podían ser resueltos y los beneficios que podrían obtener, específicamente en la disminución de insumos para la agricultura.

> Si nos vamos a los productores grandes, que de todos modos echan una gran cantidad de productos, de insecticidas, a lo mejor ahí hay un impacto mucho más pequeño porque de todos modos ellos están controlando las enfermedades con otros productos [...] el impacto se va a ver en los pequeños agricultores que no usaron insecticidas, que siembran año con año su propia papa, que ahora está contaminada y la siembra del año siguiente otra vez, o que van al mercado y compran papa para sembrar, ahí es donde se puede ver un poco más el impacto (Rivera, 1999: c.p.).

f) La participación de Greenpeace influyó indirectamente en el desarrollo del Proyecto Monsanto-Cinvestav-I, específicamente, mediante las denuncias contra la contaminación del maíz en Oaxaca; y, también, en el establecimiento de la moratoria en maíz en 1998. Afirmamos que no fue directa, pues la campaña de ingeniería genética en Greenpeace comienza hasta 1998.

Los científicos del Cinvestav-I buscaron un acercamiento con los miembros de la Campaña en Ingeniería Genética, a través de la invitación de la representante de esta campaña, la maestra Liza Covantes, a un Seminario Anual en Biotecnología, que se realiza en las instalaciones del Cinvestav-I. El evento se realizó en el año 2000; no se logró entablar un diálogo en torno a la problemática de la investigación y la liberación de alimentos transgénicos debido a las diferencias en los contenidos de la argumentación.

Este seminario es de carácter académico, las presentaciones por parte de los científicos están en función de las investigaciones en sus laboratorios: "Tratamos de usar argumentos científicos con bases sólidas y decir, bueno, aquí está la evidencia y para ellos lo único que existe es la posibilidad de eso" (Rivera, 2002: c.p.).

Para Covantes, la presentación estuvo en función del proyecto de la Campaña en Ingeniería Genética de Greenpeace, sustentada en el rechazo de los beneficios que obtienen las grandes empresas trasnacionales en la búsqueda por liberar OGM en México.

> Desde que empezamos las discusiones sobre este tema, inmediatamente comenzaron los ataques de ellos; pero bueno, cómo no se van a dar esos ataques, si los laboratorios de ingeniería genética del Cinvestav-I, se fortalecieron con la relación con Monsanto, a partir del proyecto de la papa [...] A nosotros nos acusaron de que Greenpeace es una corporación internacional, y yo le aclaré que somos una organización, no una corporación; vivimos de las donaciones de la gente, no tenemos ni vínculos con empresas ni con gobiernos ni con partidos políticos. Puedo decir lo que quiera con toda libertad, porque no dependo económicamente de alguien que me controla la boca. Pero incluso, técnicamente, también atacaban algunas cosas, pues uno podría defenderse hasta cierto punto (Covantes, 2004: c.p.).

Ante la distancia entre los contenidos de los ponentes, la grieta que se trataba de subsanar, amplió su tamaño, fue la confrontación y la manifestación de intereses. Por un lado los argumentos de los científicos y por otro, la representante de la ONG, con un discurso de rechazo a la investigación en biotecnología.

La consolidación de las alianzas

De acuerdo con lo expuesto anteriormente, hemos visto que las alianzas en esta etapa se realizan específicamente con los científicos del Cinvestav-I y con los científicos del INIFAP. La alianza Cinvestav-I-INIFAP se manifestó en la siguiente ruta, de acuerdo con el doctor Rivera:

> 1. La evaluación de estas líneas se ha realizado, tanto en el nivel de laboratorio e invernadero como en el de campo. En el nivel de laboratorio, se verifica que las plantas sean transgénicas, que expresen las proteínas virales de manera aceptable y que se desarrollen *in vitro* (regeneración y enraizamiento), de manera similar a las plantas no transformadas. En invernadero, se verifican los niveles de resistencia por medio de inoculaciones mecánicas con los virus PVX y PVY. También se observa la producción de tubérculos y el desarrollo de la planta en general. Finalmente, se procede a realizar una selección y validación en campo.
> 2. La evaluación de los genotipos es realizada en colaboración con el personal del INIFAP. Así, los trabajos se hacen en campos de este Instituto, siguiendo las condiciones estándar para este tipo de cultivo. Entre los parámetros que se evalúan están: 1. días a emergencia; 2. vigor a los 15-30 cm de altura; 3. tipo de planta; 4. daño por plagas y enfermedades (emergencia a desvare); 5. monitoreo de vectores (trampas); 6. producción total, comercial y por categoría; 7. caracterización del tubérculo; 8. calidad, y 9. almacenamiento.
> 3. Para la evaluación de resistencia viral, las líneas son evaluadas en ensayos con al menos 40 plántulas por línea (cuatro réplicas de 10 plantas), en donde las plántulas son infectadas manualmente, en un estadio de 4-6 hojas. Generalmente, se toman dos muestreos (dos y cinco semanas después de la inoculación) de las plantas, para realizar ensayos tipo ELISA y determinar los porcentajes de infección (Rivera, 1998).

En esta fase, intervenir sobre la genética de la papa ya significaba "actuar en" las cambiantes condiciones geográficas y climáticas del escenario agrícola, pero no aún con los productores de semilla y papa. Este punto marca el fin de las negociaciones de la transgénesis de papa mexicana.

En 1990, los investigadores fueron *puestos en escena* por un conjunto complejo de relaciones de interés, pero durante ocho años de investigaciones, ellos ganaron un espacio social preponderante. El éxito en la transformación de la papa Alfa y la construcción de un nuevo vector, la transformación de papas mexicanas y el desarrollo de protocolos de experimentación en campos para su liberación agronomía y de bioseguridad fueron los argumentos más importantes para continuar participando en la recreación de la naturaleza y de la sociedad ligadas a la papa.

Los investigadores conservaron sin problemas sus espacios de negociación, además, construyeron y ampliaron sus relaciones. Durante nueve años, el contexto estuvo alejado del contenido y los investigadores podían movilizar a los actores a partir de sus laboratorios. El funcionamiento de la red se había cumplido rigurosamente, en concordancia con las relaciones que los actores sociales mantenían con los genes de los virus y con la progresión de la transformación científico-técnica de la genética de las papas mexicanas.

Fin de las negociaciones

A diferencia de la primera fase del Proyecto, las metas de la segunda no fueron cubiertas por completo; la Red de Papa Transgénica Mexicana no logró estabilizarse, debido a que no se ha consolidado la participación al INIFAP.

Para el año 2001, las variedades de papa (Rosita y Norteña) habían sido transformadas en los laboratorios del Cinvestav-I, con resistencia a los virus (PVX, PVY y PRLV). Para ese año, los científicos del INIFAP se encontraban relacionados con el Proyecto y conocían la tecnología de transformación, así como las características de estas nuevas papas. En ese sentido, los científicos del Cinvestav-I delegaban el proyecto al INIFAP, debido a que cuenta con las condiciones institucionales, legales y científico-técnicas para comenzar con la propagación y distribución de las semillas. Respecto a los productores, aún se encuentran cautivos, pues su contacto es con el INIFAP, ya que, de acuerdo con el doctor Rivera, es el pequeño productor el que obtendría mejores rendimientos de la papa resistente a virus.

El Proyecto Monsanto-Cinvestav-I enfrenta una nueva etapa basada en la construcción del marco legal para la investigación, cultivo y consumo de OGM; en la cual reuniría a los actores institucionales, empresariales y a las ONG. No se trataba de un problema de transferencia de tecnología, o de financiamiento, sino en el reconocimiento de una transformación de los actores y de sus relaciones socionaturales, en función de la investigación científico-tecnológica.

Se estaban presentando grandes cambios en el conjunto de la sociedad, pues las instituciones estaban siendo confron tadas con la legalización de una relación genéticamente modificada e inexistente, hasta ese momento, en el país.

Reconfiguración de las relaciones hombre-naturaleza, a partir de la investigación de papa transgénica en México

Como mencionamos anteriormente, con esta investigación buscamos contribuir, en el plano teórico, a la reflexión sobre la mezcla de las leyes de la naturaleza descubiertas por la ingeniería genética con los intereses sociales puestos en marcha por una serie de actores (científicos, productores, instituciones gubernamentales, grupos ecologistas y agencias), representados en un laboratorio de alta tecnología en biotecnología vegetal en México.

Como hemos visto en los capítulos anteriores, los científicos moldean su relación con la naturaleza a partir del planteamiento de sus problemas de investigación, negocian y hacen que intervengan una serie de actores, que van definiendo las nuevas formas de esta relación. Hemos mostrado la construcción de procesos y algunos resultados de investigación obtenidos por los científicos, a quienes hemos seguido mediante la identificación de los elementos de la red en investigación en ingeniería genética de la papa.

Retomando lo planteado en el primer capítulo, nos interesa reconocer la investigación en ingeniería genética en plantas como el proceso de institucionalización y constitución de un marco jurídico para el desarrollo de una disciplina. Asimismo, analizaremos los factores sociales de la tecnociencia y la materialidad de las relaciones sociales mediante el proceso de mejoramiento genético de una planta.

Las nuevas posibilidades del campo de la transformación genética son el punto de partida de nuestro análisis de las modificaciones, en la relación hombre-naturaleza. En general, consideramos que el grado de intervención de los científicos en la naturaleza, en el nivel genómico, constituye una nueva interacción con los organismos vivos que puede ser representada dentro y fuera de los laboratorios.

Situados en las prácticas científicas, como eje de análisis, en este capítulo retomaremos críticamente los cambios que sucedieron en el proceso de investigación para la generación de una planta resistente a virus. Específicamente, nos interesa mostrar cómo en las actividades que se desarrollaron en el laboratorio se diluyeron las fronteras entre el dominio de lo social y el dominio de lo natural, mediante la reconfiguración de las relaciones que construyeron los científicos con la naturaleza, abandonando *a priori* las nociones de naturaleza y sociedad como principio de explicación.

Para organizar la exposición de las modificaciones naturaleza-sociedad que se desarrollaron en la historia de la investigación de la papa genéticamente modificada resistente a virus, nos referiremos a los cambios en las dimensiones simbólica, material y social. Cabe aclarar que esta organización no tiene fronteras infranqueables, pues los elementos que han cambiado adoptan distintas dimensiones; de manera que en esta exposición, nos referiremos a las características de las aristas más visibles del análisis realizado. Este enfoque es mayoritariamente el que los autores de la sociología de la traducción han tratado de difundir. Léase entonces que los cambios en estas dimensiones se han ido construyendo de manera íntimamente solidaria.

Cambios en la dimensión simbólica

La dimensión simbólica se refiere a los elementos narrativos que sincronizan y regulan la vida de los actores; es construida por los propios actores y sirve para ordenar las diferentes acciones que se realizan en un contexto determinado. En esta dimensión, analizaremos tres elementos específicos: *a*) la definición disciplinaria de la virología molecular; *b*) el posicionamiento de los científicos en la transformación de los objetivos, de la institución a la que pertenecen, y *c*) la construcción de marcos jurídicos en torno a la actividad científica vinculada con la construcción, producción y liberación de vegetales genéticamente modificados (VGM), particularmente las papas cultivadas en México.

La definición disciplinaria

Los elementos narrativos están representados en las actividades cotidianas que realizan los científicos en sus laboratorios; es decir, la forma como transforman directamente su relación con la naturaleza, específicamente en la construcción del conocimiento, mediante la incorporación de elementos de diferentes disciplinas relacionadas con la ingeniería genética. Lo anterior implica una reorganización científico-técnica, representada en dos cambios específicos; por un lado, la entrada de los científicos del Cinvestav-I a la virología vegetal. Desde esta perspectiva, en este trabajo consideramos la definición disciplinaria como la actividad en donde los científicos reconocen la incorporación de ciertos elementos de otras disciplinas y nuevas formas de interactuar en la producción colectiva de evidencia.[59]

[59] Un ejemplo de esta definición disciplinaria es abordada por Cambrosio y Keating (2006) en su análisis del surgimiento de la objetividad regulatoria, en el desarrollo de la biomedicina.

En 1991, cuando se firma el Proyecto Monsanto-Cinvestav-I, el planteamiento inicial consistía en una redefinición de la virología convencional, relacionando directamente el conocimiento en virología vegetal en el nivel molecular. Los científicos del Cinvestav-I reconocían sus fortalezas en este campo del conocimiento;[60] sin embargo, ubicaban ciertas debilidades en torno a la definición de su campo de intervención y al "saber hacer", así como a su relación con la infraestructura que se requería para lograr la obtención de plantas transgénicas. Su incorporación a la virología molecular se realizó en función del reconocimiento de las posibilidades que le abría las propiedades de la virología tradicional. Para comprender los desplazamientos disciplinares realizados por los científicos, a continuación expondremos algunos elementos de la virología vegetal y la biología molecular, los cuales contribuyeron a que los científicos del Cinvestav-I definieran su campo de estudio.

Así, la virología nace con el descubrimiento del agente causal de una enfermedad que producía el efecto mosaico y distorsiones en plantas de tabaco.[61] Desde el siglo XIX se reconocía que los virus son elementos genéticos que actúan como parásitos celulares especializados.

> El principal motivo para estudiar a los virus ha sido conocerlos mejor para poder generar herramientas que permitan su control o, al menos, la disminución de dañinos efectos. A raíz de ese descubrimiento, se dieron a conocer que existe una

[60] Utilizaremos la noción de campo académico de Bourdieu (2003).

[61] En 1898, Beijerink publicó su artículo "Sobre el *contagium vivum fluidum* como causa de la enfermedad del manchado de las hojas de tabaco", en el cual por primera vez mencionó que el agente patogénico tenía características únicas que lo diferenciaban de otros patógenos. Beijerink también observó que dicho agente infeccioso sólo podía ser cultivado usando plantas vivas y en crecimiento. A raíz de ese descubrimiento, se ha dado a conocer que existe una gran cantidad de enfermedades causadas por virus tanto en plantas como en animales (Vega y Rivera, 2001: 350).

gran cantidad de enfermedades causadas por virus tanto en plantas como en animales (Vega y Rivera, 2001: 349).

La virología vegetal se concentra en el estudio de los síntomas de una planta infectada, las condiciones que favorecen o desfavorecen la expresión de los mismos; la forma de multiplicación y movimiento de los virus en las plantas hospederas y sus efectos sobre el metabolismo; los métodos por medio de los cuales se diseminan en la naturaleza; los métodos de purificación; los análisis de sus propiedades biológicas, físicas y químicas, así como la producción y uso de antisueros para el diagnóstico. Específicamente, como disciplina, la virología vegetal ha contribuido de manera sustancial al desarrollo y avance de la biología en general, especialmente en el conocimiento de la estructura y función de macromoléculas como los ácidos nucleicos y las proteínas.

Pero la virología convencional cambiaría debido al impacto del surgimiento de la biología molecular, que evoca como objetivo fundamental "la comprensión de todos aquellos procesos celulares que contribuyen a que la información genética se transmita eficientemente de unos seres a otros, y se exprese en los nuevos individuos".[62] De este modo, los biólogos moleculares han encontrado, en los virus vegetales, modelos de investigación para muchos estudios básicos; debido a su fácil multiplicación, la simplicidad de sus ácidos nucleicos y proteínas, así como a la posibilidad de purificación en grandes cantidades.[63]

[62] M. Dasi, "Aspectos básicos de la biología molecular", www.hsa.es/org/demedica/centrales/, 12/07/2008.

[63] El suizo Friederich Meischer (1844-1895) estudió los constituyentes químicos del núcleo celular y en 1869 obtuvo, a partir de células del pus, una sustancia fuertemente acídica, la cual no era una proteína y contenía una enorme cantidad de fósforo. Atraído por haber encontrado una sustancia desconocida, prosiguió sus investigaciones, escogiendo como modelo una célula donde el núcleo fuera de grandes dimensiones. Para ello, eligió el espermatozoide –debido a que el núcleo constituye una gran parte de esa célula–. Fue así que en

Las posibilidades que otorga la biología molecular representaron la alternativa para que los virólogos construyeran sus explicaciones en una escala molecular. Así, por ejemplo:

> Desde el punto de vista molecular, los virus consisten básicamente en una o varias moléculas de ácido nucleico (su genoma) protegida(s) por una cubierta proteica o cápside. La gran diversidad de tipos de virus que existe en la naturaleza es probablemente sólo un reflejo de la diversidad de tipos de genomas virales que han surgido durante la evolución. Por ejemplo, los virus pueden tener su genoma codificado en moléculas de DNA o RNA y pueden ser de cadena sencilla o de cadena doble; el genoma puede ser lineal o circular y, como se mencionó antes, el genoma puede estar contenido en una sola molécula (genoma monopartita) o en varias (genoma multipartito). Estos genomas son secuencias de nucleótidos altamente organizadas, con distintos genes que codifican la información para la producción de diversas proteínas involucradas en la replicación del genoma viral y en su dispersión.[64]

De acuerdo con Vega y Rivera, las principales estrategias para obtener estas plantas transgénicas se basan en la expresión de proteínas del propio virus o de sus ácidos nucleicos para interferir con la replicación o los procesos de transcripción virales. En el Proyecto, los científicos del Cinvestav-I eligieron para tratar de descifrar algunos de los aspectos biológicos y moleculares del ciclo infectivo y de la interacción de un virus con su planta huésped (véase figura 5).

> Nosotros tenemos físicamente plantulitas de plantas creciendo *in vitro*, están encerradas en su frasco, le dan luz [...] están

1871, trabajando con espermatozoides de salmón, aisló nuevamente esa sustancia ácida a la que denominó "nucleica". Posteriormente, en 1889, se sustituyó el término nucleica por el de ácido nucleico (Ledesma, 2000: 583).

[64] M. Dasi, "Aspectos básicos de la biología molecular", www.hsa.es/org/demedica/centrales/, 12/07/2008.

totalmente estériles, lo que se hace en este caso, se toman las plantulitas y el tallo. Se corta el tallo en un pedazo y eso se mezcla con la bacteria, con *agrobacterium* que tiene esos genes; la bacteria generalmente entra por las heridas, entonces si tienes el pedazo del tallo, entra por los dos lados. Allí es donde ataca primero e infecta, después nosotros lo dejamos allí unas 24 a 48 horas, varía. Es aquí donde lleva un gen de resistencia que se expresa en plantas, estas bacterias no se expresan, pero en la planta sí. Tiene un promotor de plantas; entonces, cuando lo ponemos con 48 horas con la bacteria, quitamos la bacteria, la tratamos de meter y se pasa a un medio; ahora con antibiótico para matar a la bacteria, y esperamos ya que algunas células hayan recibido el DNA de la bacteria. Al expresar DNA, sólo va a expresar V2, pero también va a expresar resistencia a kanamicina. Entonces, la depositas a un medio que tiene kanamicina, las células y el resto del tejido que no se transformó, casi la parte de en medio nunca se transforma, pues es entre las heridas donde entra el DNA. Entonces, las partes de en medio se mueren; en los extremos empiezan a formarse unos callitos de donde salen las plantas transgénicas, los que crecen en presencia de este antibiótico son las que podemos estar seguros que son transgénicos [...] Entonces allí nosotros seleccionamos, se mata todas las que no recibieron el DNA, sólo los que son transgénicos sobreviven y regeneran (Rivera, 1999: c.p.).

Se trata, entonces, de ajustar una metodología de regeneración, donde se tienen los genes, la construcción y la transformación de una especie. El centro de la nueva relación hombre-virus devino en explicaciones, en el nivel genómico, gracias a los logros de la biología molecular, de lo que se formó la virología molecular practicada en el Cinvestav-I; de ésta se derivaría la tecnología de las papas transgénicas resistentes a virus. Es aquí donde ubicamos la definición disciplinaria de los científicos del Cinvestav-I, en la utilización de los mecanismos de regeneración, sustentados en la biología molecular

Figura 5
Métodos de obtención de plantas transgénicas
(resistencia a virus, hongos, insectos, herbicidas, calidad nutricional)

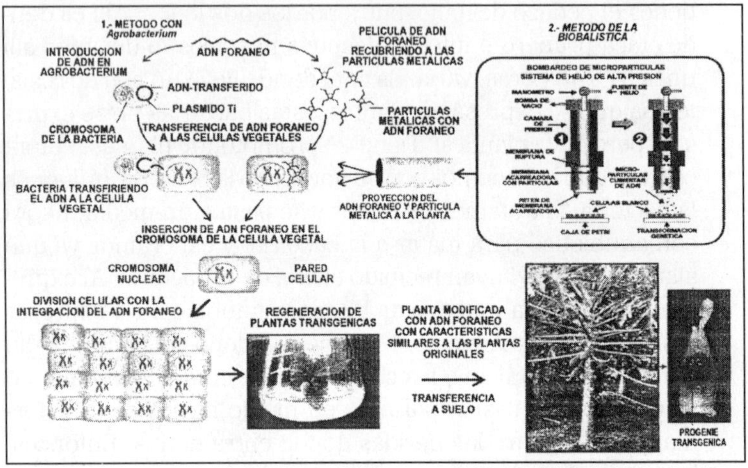

Fuente: Archivos del doctor José Luis Cabrera, Laboratorio en Ingeniería Genética Cinvestav-I, 1997.

y en los componentes de la virología vegetal, relacionados con la transformación de una planta. Este cambio en el contenido explicativo e instrumental de la virología vegetal estaría relacionado con las relaciones sociotécnicas que acompañaron las investigaciones y las acciones en torno a la papa transgénica.

El posicionamiento institucional vía incorporación a la ingeniería genética

En la instrumentación del Proyecto Monsanto Cinvestav-I, la participación de diversas instituciones constituyó uno de los elementos que lo delinearon. Como vimos en capítulos anteriores, cada institución tenía definida su participación y los alcances de ésta; sin embargo, destacan la consolidación del Cinvestav-I como la institución pública mexicana en investigación biotecnológica agrícola y la redefinición institucional del INIFAP en el campo de la biotecnología. Respecto al INIFAP, no podemos afirmar que fue mediante el Proyecto que este Instituto incorporó el área de biotecnología, pero identificamos un proceso importante en el colectivo de investigadores del INIFAP involucrados en el proyecto.

En el capítulo III, vimos que el papel de INIFAP en el Proyecto Monsanto-Cinvestav-I estaba enfocado a la propagación en campo y distribución de la semilla de papa transgénica, debido a que es la institución pública que cuenta con el conocimiento y la infraestructura necesaria. Para los científicos del Cinvestav-I la participación del INIFAP representaba una necesidad y un reto; el primero, porque reconocían sus límites de acción, pues su trabajo estaba en el laboratorio y no en campo. Respecto al segundo, estaban frente a la tarea de convencer a los científicos del Instituto acerca de la importancia del Proyecto, no sólo porque ellos representaban la vía más idónea para llevar las semillas de papa transgénica a los productores, sino por las posibilidades que les abría incorporarse a la biotecnología agrícola.

> Al principio, hace 10 años venía gente de INIFAP y hablamos idiomas diferentes; muchos no creían en la biotecnología, decían que era un elefante blanco, que al Cinvestav-I se le estaba dando equipo, pero al paso de dos o tres años van a tronar, no sirve esa tecnología [...] ellos sabían de qué hablábamos y nosotros no podíamos ubicarnos con ellos, nos hablaban de cosas agronómicas, de cultivos y nos quedamos con la boca abierta. Este tipo de proyectos nos ha servido para homogenizar lenguajes para incrementar la interacción de las dos instituciones; tal es el hecho que estamos metiendo un proyecto a

> Conacyt,[65] de nuevos campos entre Cinvestav-I e INIFAP. Ya pasó la primera selección; la idea de este proyecto es transferencia de tecnología, pero hasta el campo, aquí en Cinvestav-I hay mucha transferencia, muchas cosas que ya pudieran tener un impacto, pero no sabemos llegar. INIFAP tiene la experiencia, tiene los campos a nivel nacional, pero no tiene la tecnología de la biotecnología. Entonces, la idea es darle salida a mucha de la información del conocimiento que se está generando. Aquí a través de INIFAP que sería la primera vez que llegue de un instituto mexicano de biotecnología; la papa es el primer ejemplo (Rivera, 1999: c.p.).

En esta situación ambas instituciones se mantuvieron claramente dentro del ámbito de trabajo; sin embargo, desde las actividades de docencia-investigación, los científicos del INIFAP y el Cinvestav-I fueron construyendo las condiciones para la asociación de las dos instituciones y llevar más lejos la incorporación del INIFAP a la biotecnología agrícola. "El proyecto de papa es causa de este agrupamiento, no quiero decir que es lo único, también cuentan las relaciones personales" (Rivera, 1999: c.p.).

En este tipo de relaciones personales a las que alude el doctor Rivera se refiere a la formación académica del doctor José Antonio Garzón Tiznado, quien inicia sus estudios de doctorado en 1989 (un año antes de la firma del Proyecto Monsanto-Cinvestav-I) en el Cinvestav-I bajo la asesoría del doctor Rivera. Específicamente, el doctor Garzón trabajó en el descubrimiento, caracterización y clasificación en el nivel mundial de un nuevo virus trasmitido por la mosquita blanca, al cual registraron internacionalmente con el nombre de "Pepper Huasteco Virus" (virus huasteco del chile).[66] El trabajo del

[65] Consejo Nacional en Ciencia y Tecnología.

[66] Información obtenida de www.fps.org.mx, Fundación Produce, Sinaloa, 18/06/2008.

doctor Garzón, en el Cinvestav-I, se desarrolló simultáneamente a las actividades del Proyecto Monsanto-Cinvestav-I, siendo una de las acciones que dieron la pauta para la consolidación del laboratorio de virología vegetal del Cinvestav I.

> El laboratorio de virologia inició como tal en 1989, con la incorporación de los primeros estudiantes J.A. Garzón Tiznado y Roberto Ruiz Medrano. Garzón empezó a trabajar con una enfermedad denominada "Rizado Amarillo" del chile, detectada en la zona de las huastecas. Mientras que Roberto se interesó en la interacción entre el viroide de la planta macho del jitomate (TPMVd) y su planta hospedera. A partir de entonces, la línea de geminivirus se volvió el tema central del laboratorio. Otros modelos que se han estudiado incluyen a virus de espárrago (AV2), virus de papa (PVX, PVY, PLRV) y al virus tristeza de los cítricos (CTV). Recientemente, hemos trabajado en establecer técnicas de detección de transgenes en organismos genéticamente modificados y sus subproductos.[67]

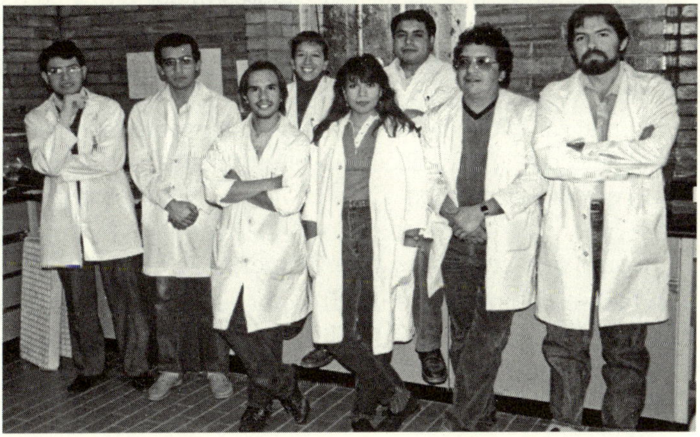

Integrantes del Laboratorio de Virología en 1990. De izquierda a derecha: Roberto, Rafael G., Trino, Laura Silva, Esmeralda, Irineo, Garzón y Rafael R.[68]

[67] http://riverabustamante.com/historia.htm, 30/08/04.

[68] http://riverabustamante.com/labweb.html, con autorización del doctor Rivera, 12/08/08.

Después de terminar sus estudios de doctorado en 1995, el doctor Garzón Tiznado es nombrado líder nacional de biotecnología en el INIFAP, lo que le permitió consolidar el Programa Nacional de Biotecnología del Centro de Investigación Regional Noreste (Cirno), en el campo experimental Valle de Culiacán, donde se reincorporó en el año de 1997.

El Cirno inicia sus actividades en junio de 1998; como parte del INIFAP, tiene como objetivos generales investigación, capacitación, formación de recursos humanos, apoyo a la transferencia de tecnología y servicios. En el área de investigación, el Cirno establece como objetivos específicos los siguientes:

1) implementar sistemas modernos para la detección de patógenos;
2) generar metodologías para micropropagar especies de plantas;
3) generar y emplear los marcadores moleculares para apoyar programas de mejoramiento genético;
4) realizar estudios de biorremediación e inocuidad alimentaria;
5) realizar estudios sobre inocuidad alimentaria;
6) detectar de enterobacterias en frutos de hortalizas, y
7) erradicar enterobacterias en frutos de hortalizas.

Como mencionamos anteriormente, la entrada del INIFAP a la biotecnología no se origina por el Proyecto Monsanto-Cinvestav-I, pues desde hace tiempo se había diseñado el Programa Nacional de Biotecnología, el cual está formado actualmente por cinco unidades de biotecnología: del Bajío (sede nacional), del Cirne en Monterrey, del Cirse en Rosario Izapa, Cirpac en Uruapan y la del Cirno en el Valle de Culiacán.[69] Lo que buscamos resaltar es la institucionaliza-

[69] Información obtenida de www.ciidirsinaloa.ipn.mx, 2/08/08.

ción de la virología vegetal, mediante el uso de marcadores moleculares en el INIFAP en la unidad del Cirno, en el Valle de Culiacán.

Marco jurídico en la investigación

El marco jurídico y normativo de la investigación científico-tecnológica constituye la expresión del ejercicio del poder legítimo al que llegan los actores involucrados, quienes negocian, imponen y acuerdan los lineamientos de organización y funciones de esta actividad. En este apartado, veremos cómo las características de la investigación en biotecnología han propiciado el diseño de una estructura jurídica que va más allá de reglamentar la designación y utilización de recursos para la actividad científico-tecnológica. Para ello, basta presentar una breve descripción del conjunto de documentos que norman la investigación científica y tecnológica en México.

De acuerdo con Cabrero, Mendoza y López-Ayllón (2006), la política nacional en ciencia y la tecnología puede analizarse en dos periodos, con relación a los alcances establecidos. En el primer periodo (1930 a 1980), las acciones estaban destinadas a la promoción de las funciones que privilegiaban el crecimiento de la infraestructura científica y tecnológica, mediante la institucionalización de la investigación científica, en donde destaca la creación de instituciones, como el Consejo Nacional de Educación Superior y de la Investigación Científica (Conesic) y el Instituto Politécnico Nacional (IPN). Se pensaba que con la creación de instituciones de educación superior y de investigación científica y tecnológica crecería el número de estudiantes de posgrado y científicos en el nivel nacional. El segundo periodo (1985-hasta la fecha) se caracteriza por exigir la obtención de resultados mesurables y evaluables, en términos de impacto, en los niveles de competitividad del país.

Instaurado el Sistema Nacional de Planeación Democrática,[70] el gobierno de Miguel de la Madrid Hurtado[71] presentó el Programa Nacional de Desarrollo Tecnológico y Científico 1984-1988. Este documento acentúa la necesidad de optimizar los recursos destinados a la investigación y establecer las bases para estructurar el Sistema Nacional de Investigadores (SNI).[72] Posteriormente, en 1990, el gobierno federal presentó el Programa Nacional de Ciencia y Modernización Tecnológica 1990-1994, con el objetivo de "apoyar decididamente sobre la base de criterios de calidad, a las instituciones académicas y a los centros dedicados a la investigación científica, sea básica o aplicada, y a las entidades públicas y privadas que intervienen en el desarrollo tecnológico" (Allende, 1995: 14).

[70] "La adopción de la planeación como principal instrumento para inducir el cambio, es un acto eminentemente democrático, político y soberano: democrático en tanto que incorpora las demandas y aspiraciones de los diferentes grupos que conforman la sociedad civil; soberano porque es el resultado de la voluntad nacional que reafirma sus aspiraciones de libertad e independencia como principales vías para el desarrollo del país; y político porque permite conciliar los intereses y beneficiar a las mayorías nacionales. Se asume además, como una decisión de libertad que respeta e incorpora al hombre como persona, como integrante de un grupo y de una comunidad hacia la consecución de una sociedad más justa y más equilibrada, entre grupos sociales y regiones y entre el desarrollo urbano y rural", http://www.economia.com.mx, 14/05/2007.

[71] El sexenio de Miguel de la Madrid Hurtado fue de 1982-1988. Con fundamento en la Ley de Planeación de 1983, la organización de la administración pública se realizó en programas sectoriales. En 1985, se sancionó la Ley para Coordinar y Promover el Desarrollo Científico y Tecnológico, instrumento legal que establece el Sistema Nacional de Ciencia y Tecnología (SINCYT) y define la distribución de responsabilidades y atribuciones de las dependencias de la administración pública federal incorporadas en el desarrollo científico y tecnológico.

[72] El Programa Nacional de Educación Superior (Pronaes) en 1985, contenía un subprograma específico denominado Fomento a la Investigación Científica y Humanista y Desarrollo Tecnológico. Este Programa proponía la descentralización y la regionalización de la investigación; la integración de los investigadores en grupos especializados, la creación y consolidación de centros de investigación y desarrollo tecnológico; y, el fomento a la carrera de investigador (Allende, 1995: 13).

Por otro lado, la fortaleza de este segundo diseño de la política en ciencia y tecnología estaba en

> la incorporación de nuevos actores sociales distintos a los gubernamentales en las decisiones en la materia, también la creación de nuevos programas e instrumentos basados en fondos concursables, convocatorias públicas y creación de fideicomisos, así como en la nueva orientación de la política hacia la obtención de resultados mesurables y evaluables (Cabrero, Mendoza y López-Ayllón, 2006: 12).

En ese sentido, se da un auge en la generación de un marco legal, más claro, en donde las instituciones vinculadas con la investigación científica y tecnológica encuentran su campo de acción.

Cuadro 5
Segunda fase de la instauración de la política científico-tecnológica en México

1985	Emisión de la Ley para coordinar y promover el desarrollo tecnológico y científico. Establecimiento de las bases para el funcionamiento del Sistema Nacional de Ciencia y Tecnología. Promoción del Programa Nacional de Desarrollo Tecnológico y Científico. Establecimiento de las facultades del Conacyt.
1999	Expedición de la Ley para el Fomento de la Investigación Científica y Tecnológica.
2001	Programa Especial de Ciencia y Tecnología.
2002	Emisión de Ley de Ciencia y Tecnología (6 de junio).

Fuente: Elaboración propia con información de Berrueco y Márquez, 2006.

Este esfuerzo para establecer una política en ciencia y tecnología se expresa en la expedición de la Ley para el Fomento de la Investigación Científica y Tecnológica (LFICyT) en 1999, en la que se redefine el enfoque hacia una mayor vinculación con el sector productivo y la competitividad, así como nuevos mecanismos de financiamiento.

Posteriormente, en 2001, se crea el Programa Especial de Ciencia y Tecnología, el cual incluye todas las ciencias y tecnologías (ciencias exactas y naturales, tecnologías, ciencias de la ingeniería, ciencias médicas, ciencias agropecuarias, ciencias sociales y humanidades). La organización de este Programa es por sector y área de conocimiento, lo cual implicaba que las actividades científicas y tecnológicas, llevadas a cabo por las dependencias y entidades de la administración pública, se expresan en los programas sectoriales.

En el PECyT, se denominan áreas estratégicas del conocimiento aquellas que tienen un impacto en varios de los sectores, así como, una alta tasa de cambio o innovación en el nivel mundial. Los criterios utilizados para la identificación de las áreas prioritarias científico-tecnológicas fueron las siguientes:

Cuadro 6
Criterios empleados para identificar áreas prioritarias en el PECyT

Alta tasa de cambio científico y tecnológico.	Grado de dependencia tecnológica del exterior.
Impacto en el bienestar de la población.	Potencial de nuevos avances o desarrollos en el futuro mediato.
Existencia de investigadores de alto nivel en el país.	Oportunidades para la creación de empresas de base tecnológica.
Impacto del cambio científico y tecnológico en los sectores que harán uso de las innovaciones.	Impacto en la elevación de la competitividad de las empresas.
Base importante de actividad económica en los sectores que harán uso de las innovaciones.	

Fuente: www.conacyt.mx, 09/05/2001.

De la aplicación de los criterios anteriores, de las áreas estratégicas del conocimiento, resultó la siguiente selección: *a*) la información y las comunicaciones, *b*) la biotecnología *c*) los materiales, *d*) el diseño de los procesos de manufactura infraestructura y el desarrollo urbano y rural, incluyendo sus aspectos sociales y económicos (Conacyt, 2001).

Esta es la primera vez que se alude directamente a la biotecnología en el marco jurídico de la investigación. Como hemos señalado, lo anterior por la convergencia de diferentes actores en la construcción de la política científica-tecnológica. Sin duda, en este segundo momento de la construcción de la política en ciencia y tecnología y como dice Cabrero, se desarrollan condiciones legales, normativas e institucionales más claras para la investigación científica y tecnológica.

El periodo del Proyecto Monsanto-Cinvestav-I coincide con una redefinición del marco jurídico en el que se sustenta la política para la ciencia y la tecnología, en el renglón de la biotecnología. Específicamente, se sientan las bases para el establecimiento de instrumentos legales que se relacionan directamente con temas como: *a*) las necesidades del trabajo de los científicos y la organización de las instituciones y centros de investigación; *b*) el acceso y uso responsable de los materiales biológicos; *c*) la bioseguridad, y *d*) la propiedad intelectual.

Respecto a las necesidades del trabajo de los científicos, la organización de las instituciones y centros de investigación, destaca la afrenta que vivió la comunidad académica del país, en diciembre de 2001.

> El Congreso de la Unión aprobó, en diciembre de 2001, una modificación al artículo 420 del Código Penal Federal, la cual pudiera traer como consecuencia que cualquier individuo, si maneja, utiliza o transporta transgénicos, puede incurrir en la comisión de un delito y por lo tanto, ser sujeto de un procedimiento penal. Más de 500 científicos de todo el país están sujetos a ser juzgados como presuntos delincuentes por el simple hecho de trabajar en el desarrollo de la bioconología mexicana, de acuerdo con las modificaciones hechas al artículo

> 420 Ter, del Código Penal Federal. Dicho artículo, publicado en el *Diario Oficial de la Federación*, el miércoles 6 de febrero de 2002, señala que "se impondrá la pena de uno a nueve años de prisión y de trescientos a tres mil días de multa a quien en contravención de lo establecido en la normatividad aplicada, introduzca al país, o extraiga del mismo, comercie, transporte, almacene o libere al ambiente, algún organismo genéticamente modificado que altere o pueda alterar negativamente los componentes, la estructura o el funcionamiento de los ecosistemas naturales" (Barba, Periódico a.m., Irapuato, lunes 29 de abril, 2002).

Para la comunidad científica, específicamente la relacionada con la biotecnología, esta situación representó una muestra de las contradicciones que existen en la política científica-tecnológica en México, ya que, a pesar de contar con un nuevo marco normativo, en donde se considera a la biotecnología como área estratégica, con la reforma se inhibe el desarrollo de esta ciencia y otras acciones relacionadas, como la biomedicina y la biología experimental.

Cambios en la dimensión material

La dimensión material se refiere al sustrato que posibilita y sobre el cual se realizan actos y gestos tecnológicos de manera estable, continua y eficaz. Uno de los aspectos del proyecto de colaboración se refirió a la estabilización del saber hacer de un proceso tecnológico, así como a la calidad y la pertinencia de la infraestructura. A nosotros nos interesó reconocer los aspectos materiales, entendidos como un indicador del fortalecimiento de la red, en dos aspectos: por un lado, a partir del trabajo y el aprendizaje científico-técnico de los científicos del Cinvestav-I, en su estancia en las instalaciones del laboratorio de Monsanto en San Louis Missouri en Estados Unidos; y por otro, la necesidad de montar, en el Cinvestav-I, la tecnología con las mismas características con las que se trabajó en las instalaciones de Monsanto. En el resultado de ambos lados, observamos un reposicionamiento institucional del Cinvestav-I, reflejado en su crecimiento (en infraestructura vinculada), su prestigio académico-político que obtiene mediante su trabajo de investigación, incluidos los resultados del proyecto Monsanto-Cinvestav-I.

El modelo local-global, docencia-investigación

La experiencia en investigación de los científicos del Cinvestav-I se modificó en dos aspectos cruciales; la primera en torno a la dimensión local del Proyecto, un cambio de escala; y la segunda corresponde a la capitalización de los resultados, una estrategia nueva de organizar la investigación en transgénesis.

Respecto a la idea de localidad, la particularidad del Proyecto Monsanto-Cinvestav-I consistió en la estrategia de investigación que organizaron los científicos del Cinvestav-I. Como hemos señalado, a mediados de la década de los ochenta del siglo pasado el Cinvestav-I había definido claramente sus funciones sustantivas en cuanto a la docencia y la investigación. La interacción con el ámbito empresarial había quedado al margen de las actividades del centro, mas no descartadas por completo, lo cual es visible con la firma del Proyecto Monsanto-Cinvestav-I.

La interacción de los científicos del Cinvestav-I y la empresa Monsanto estuvo sustentada exclusivamente en la docencia-investigación; los dos científicos que se capacitaron en San Louis Missouri desarrollaron sus tesis doctorales.[73] Una de éstas,

[73] El doctor José Trinidad Ascencio Ibáñez elaboró el trabajo "Transcriptional profiling of germinivirus infection in Arabidopsis thaliana" en la Universidad del Norte de Carolina, en 2006.

la doctora Rosa María Rangel Cano, referente al tema de la transformación con los tres virus de resistencia.

> En teoría se dice una papa, ya sea Norteña, Alfa, Rosita o Russet Burbank, de hecho funcionan igual pero la función de cultivo de tejidos no necesariamente es mi caso, hay que adaptar cada variedad, puede tener condiciones diferentes de cultivo de tejidos, entonces aunque la técnica esté bien montada para Russet Burbank, para Alfa no sabíamos cómo iba a funcionar. Entonces, lo que hizo Rosa María fue adaptarla y encontrar las condiciones óptimas para Alfa, y después de la primera fase del proyecto, cuando se había proporcionado ya en Alfa, se decidió utilizar otras variedades ya mexicanas de INIFAP (Rivera, 1999: c.p.).

La transformación de plantas de papa estuvo en manos de los científicos que formaban parte del laboratorio de virología en el Cinvestav-I, bajo una categoría de asistentes de investigación; la importancia de esta comunidad no se encontraba en la participación de numerosos científicos, o en la necesidad de generar una infraestructura física para desarrollar el Proyecto; por el contrario, los esfuerzos se concentraron en dos científicos que, bajo la dirección del doctor Rivera, lograron realizar la transferencia de tecnología, a los laboratorios del Cinvestav-I. Esta estrategia de docencia-investigación deslocalizada permitió la capitalización de un conocimiento científico-tecnológico, mismo que contribuyó a la definición del objetivo general del laboratorio de virología.

> Obviamente, mi laboratorio se ha beneficiado mucho, porque mis compañeros fueron allá, regresaron, eso benefició, no sólo a la papa, sino ahora a otros proyectos con virus. El 80 por ciento de mi laboratorio trabaja con otros virus y sólo 20 por ciento con virus de papa. Este 80 por ciento se beneficia mucho de este otro 20 por ciento, porque Rosa María y Trino

fueron y adquirieron experiencia, por ejemplo, cualquier cosa que se les ofrecía a los estudiantes ellos les ayudaban. Entonces, beneficiaba al resto del laboratorio aunque se tratara, de una cosa diferente, por la experiencia en general que adquirió el laboratorio. Reditúa en estudiantes, reditúa a la institución, reditúa en que podemos publicar más nosotros mismos. Porque cuando uno somete un proyecto a Conacyt por ejemplo tiene bases más sólidas, te aprueban más fácil los proyectos, entonces de eso, creo que el laboratorio también se beneficia (Rivera, 2002: c.p.).

Infraestructura institucional

Como mencionamos anteriormente, en México, prácticamente toda la investigación en el campo de la biotecnología agrícola se desarrolla en centros e institutos gubernamentales o dependientes de las universidades. Las áreas que se trabajan corresponden principalmente a la propagación *in vitro* de plantas, la conservación de germoplasma, el mejoramiento genético, la fijación de nitrógeno y la relación de la planta con sus patógenos.

Las 60 dependencias que desarrollan investigación biotecnológica agrícola en México forman parte de diferentes secretarías de Estado, centros de investigación, institutos tecnológicos y universidades. La mayor parte de estas instituciones (39) desarrolla sólo algunos proyectos de investigación en biotecnología vegetal y sólo cinco de ellas mantienen un nivel de investigación con posible impacto, en el sector agrícola. Entre ellas se encuentran el Cinvestav-I, el Centro Internacional de Maíz y Trigo (Cimmyt), el Instituto de Biotecnología de la UNAM, el Instituto Nacional de Investigaciones Forestales, Agrícolas y Pecuarias (INIFAP) y el Centro de Investigación Científica de Yucatán (CICY) (Bolivar, 2001).

Dentro de las actividades desarrolladas por estas instituciones, destacan las siguientes características: investigación y aplicación en el desarrollo de tecnología biológica; la problemática gira en torno a la generación de plantas resistentes a condiciones climáticas drásticas, a herbicidas y a vegetales que permitan la sobreproducción de elementos nutricionales, así como a la identificación y diseño de nuevos bioinsecticidas y producción de éstos. Otro elemento que caracteriza a este grupo de centros de investigación es la dinámica que han desarrollado en relación con las colaboraciones de instituciones académicas y otros organismos de nivel nacional e internacional, así como la obtención de recursos parciales para el desarrollo de algunos proyectos proporcionados por organismos nacionales, extranjeros y/o empresas.

El Cinvestav-I está ubicado en el estado de Guanajuato, en la ciudad de Irapuato; la decisión de instalarlo en esta región del Bajío mexicano obedeció al potencial agrícola del área y a su ubicación geográfica. Dentro de las corrientes hidrológicas más importantes están los ríos Guanajuato y Silao, así como las presas del Conejo, la Gavia y la Purísima. El clima es semicálido, con una temperatura media anual de 19.6° C una estación de lluvias de junio a octubre y una estación seca de noviembre a mayo. Los meses más cálidos son abril y mayo.[74] El Cinvestav-I ha tenido el apoyo del gobierno del estado de Guanajuato, el cual donó un terreno agrícola de 20 hectáreas y la construcción del inmueble sede de la Unidad que consta de 10,950 m^2, así como la implementación de una subestación eléctrica, un pozo profundo de uso agrícola y algunas otras facilidades para la funcionalidad de la institución. Como mencionamos anteriormente, el equipamiento del Centro se ha desarrollado con base en proyectos específicos, financiados por la Secreta-

[74] http://www.ira.cinvestav.mx, 05/01/2002.

ría de Educación Pública, de Proyectos estratégicos y de proyectos especiales del Conacyt, además del apoyo de la iniciativa privada con el Programa México y finalmente, por la ayuda de diversos organismos internacionales (ver cambios en la dimensión social).

Fuente: http://www.ira.cinvestav.mx/?id=1, 05/01/2002.

Para el desarrollo de experimentos de campo se tienen disponibles aproximadamente 16 hectáreas de uso agrícola, además de 750 m² de área de invernaderos. Para el desarrollo de la investigación y la docencia, existen laboratorios de uso común y un laboratorio de robótica con varias secciones de computación.

Como mostramos en el capítulo II, el Cinvestav-I está integrado por la Unidad Irapuato, que alberga dos departamentos, el de Biotecnología y Bioquímica, así como el de Ingeniería Genética y el Laboratorio Nacional de Genómica para la Biodiversidad (Langebio). En conjunto, las líneas de investigación en las que se trabaja se presentan en el siguiente cuadro.

Cuadro 7
Líneas de investigación Cinvestav-I

Bioquímica	1) Aislamiento y caracterización de compuestos bioactivos. 2) Proteínas de las membranas plasmáticas de betabel. 3) Caracterización de moléculas volátiles y no volátiles, y su biodistribución en sistemas biológicos. 4) Biodiversidad proteómica y características de importancia agronómica de las principales razas de maíces criollos. 5) Rutas bioquímicas de importancia alimentaria y nutracéutica.
Biotecnología	1) Estrategias para mejorar la calidad y sanidad de granos. 2) Propiedades nutracéuticas de carbohidratos de agaves. 3) Estudios isotópicos para establecer origen de especie y geográfico de productos alimenticios. 4) Desarrollo de bioinsecticidas basados en bacterias, virus, hongos y nemátodos. 5) Desarrollo de controles biológicos y potenciadores de crecimiento de plantas. 6) Diseño y evaluación de fertilizantes de lenta liberación. 7) Aspectos de bioseguridad en la liberación de plantas transgénicas en México. 8) Mejoramiento de las características nutricionales, nutracéuticas, funcionales, sensoriales y de maduración de materiales agroalimentarios. 9) Uso de plantas para sintetizar proteínas de interés farmacológico.
Microbiología	1) Mecanismos de infección de plantas y ciclos de vida de fitoplasmas, virus, bacterias y hongos. 2) Distribución de fitopatógenos en México. 3) Metabolismos de la simbiosis Rhizobium-leguminosa. 4) Aislamiento y caracterización de bacterias promotoras de crecimiento y asociaciones micorrícicas para la rehabilitación de suelos de zonas semiáridas.
Biología Vegetal	1) Mecanismos de defensa de plantas. 2) Cultivos *in vitro* de células y de tejidos para estudios fisiológicos y de biología molecular, y para la transformación. 3) Genética de plantas de interés agronómico. 4) Genética, epigenética y genómica de maíz.

Biología Vegetal	5) Marcadores moleculares para el análisis de germoplasma y de reproducción de Agave. 6) Biología molecular de la adaptación fisiológica de las plantas a factores ambientales. 7) Mecanismos de regulación transcripcional y postranscripcional en la planta modelos *Arabidopsis thaliana* y en plantas de interés agronómico.

Fuente: http://www.ira.cinvestav.mx, 10/07/2007.

Después de 27 años, el Cinvestav-I se ha consolidado como una de las instituciones de investigación y docencia en biotecnología de plantas en el país. Llama la atención que la envergadura del Proyecto Monsanto-Cinvestav-I se desarrolló en uno de los laboratorios de uso común y con sólo tres investigadores. La envergadura de la infraestructura, la legitimidad y fortaleza del Cinvestav-I fueron cruciales para escoger al equipo del doctor Rivera para seleccionar como sede del Proyecto Monsanto-Cinvestav-I, pero el peso recayó en los logros, en términos del conocimiento y del ámbito tecnocientífico de los científicos tanto de la Monsanto como del Cinvestav-I, así como de las instituciones participantes.

Cambios en la dimensión social

Se refiere a la movilización e interacción de los actores, en torno a la investigación en ingeniería genética. Los elementos que integran esta dimensión son las características generales de los científicos y el espacio de negociación que crean en torno a los actores que participan en la red. Los cambios de la dimensión social se pueden observar en tres aspectos:

a) el ensayo en estrategias de investigación vinculadas con la transferencia científico-tecnológica para un centro de investigación público;

b) para las empresas transnacionales, y
c) la transformación social de las ONG de carácter ecológico y su repercusión en la investigación.

La transferencia de tecnología para el Cinvestav-I

Desde su creación, el Cinvestav-I en 1981 fue diseñado como una copia de una pequeña empresa de desarrollo tecnológico, como los *start up* de Estados Unidos.[75] Durante nueve años fue definiendo su espacio de negociación mediante una serie de problemáticas relacionadas con su definición institucional: los mecanismos de financiamiento que la investigación en biotecnología de plantas requiere. Como vimos en apartados anteriores, la conformación de un marco jurídico para investigación, en el momento del nacimiento del Cinvestav-I, se encontraba en construcción.

> En 1989, el Centro decidió que no podía ni le correspondía estructurar un paquete tecnológico, es decir, desde la investigación básica hasta la comercialización de la tecnología. Tal decisión lo condujo a redefinir sus funciones sustantivas, basadas en el trabajo académico de investigación (asistencia a congresos internacionales, publicar en revistas, búsqueda de financiamiento) (Veracruz, Villa Soto y Villegas, 1994).

La decisión de orientar el trabajo por la vía de la investigación y la docencia, dejando por el momento la forma de trabajo empresarial, se convirtió en la estrategia que llevaría

[75] La *start-up* no son compañías orientadas al servicio, sino que se centran en crear un producto para asociarlo quizá a las grandes compañías orientadas a servicios, con la finalidad de que dichos productos puedan escalar más rápidamente. El modelo aludido es muy recurrente en la región de Asia Pacífico, en donde emprendedores se asocian con grandes compañías, http://es.wikipedia.org/wiki/Startup, 15/08/2008.

al Cinvestav-I a convertirse en uno de los centros de investigación de excelencia en el país ya que apostaron al fortalecimiento de su comunidad académica siguiendo las reglas establecidas por la naciente política científica y tecnológica. Un ejemplo fue su apego a los criterios de evaluación del Sistema Nacional de Investigadores,[76] al enfocarse hacia la investigación aplicada, lo que les permitió acceder a recursos para investigación. Consolidado como una institución pública de investigación en biotecnología de plantas, con la firma del Proyecto Monsanto-Cinvestav-I, el Centro inició una nueva forma de administrar la investigación, el financiamiento y la docencia.

Las posibilidades de contar con material genético desarrollado en una empresa trasnacional, de aprender los procedimientos y técnicas en los laboratorios donde se originó el material, de aplicar los conocimientos en materiales propios y de contar con un agente facilitador en las negociaciones (ISAAA), además de una institución externa que proporcionó recursos financieros constituyó un mecanismo innovador para el Cinvestav-I. Este es un caso ejemplar de la relación universidad-empresa, expresada en la política en ciencia y tecnología en el nivel nacional.

La definición del objetivo del Cinvestav I, constituyó su fortaleza para consolidarse en el área de investigación biotecnológica de plantas, pero a su vez representó la limitante para concluir el Proyecto Monsanto-Cinvestav-I en la etapa de propagación y distribución de la papa transgénica, pues claramen-

[76] El Sistema Nacional de Investigadores fue creado por Acuerdo Presidencial y publicado en el *Diario Oficial de la Federación* el 26 de julio de 1984 para reconocer la labor de las personas dedicadas a producir conocimiento científico y tecnología. El reconocimiento se otorga a través de la evaluación por pares y consiste en otorgar el nombramiento de investigador nacional. Esta distinción simboliza la calidad y prestigio de las contribuciones científicas. En paralelo al nombramiento, se otorgan incentivos económicos a través de becas cuyo monto varía con el nivel asignado, http://www.conacyt.mx/SNI/index_SNI.html, 3/04/2007.

te se dejó establecido que, como en 1986, no estaban dispuestos a convertirse en fabricantes de paquetes tecnológicos, eso le correspondería naturalmente al INIFAP. Los científicos del Cinvestav-I definieron su espacio de negociación y buscaron aliados en el INIFAP para el proyecto de papa, pero no tuvieron la recepción necesaria.

La estrategia de las empresas trasnacionales

La participación de la empresa Monsanto en un proyecto mexicano de investigación generó algunas dudas sobre los verdaderos intereses de la trasnacional por la ciencia y la tecnología mexicana, debido a dos situaciones: 1) el discurso de la empresa, y 2) la forma como esta empresa ha construido su emporio económico.

En el Proyecto Monsanto-Cinvestav-I, la empresa había manifestado su decisión de donar los genes al Cinvestav-I y transferir el saber-hacer mediante la estancia de investigadores mexicanos en sus instalaciones en San Louis Missouri. Pero de acuerdo con la doctora Rangel, existían ciertas restricciones relacionadas con el secreto industrial propias de una empresa:

> Durante el tiempo que estuve en el laboratorio de Monsanto tuve que informar todas las actividades que realizaba, los avances que tenía, el equipo y el material que utilizaba diariamente; los informes que enviaba a México debían ser revisados por el encargado del laboratorio. Mi interacción con los demás investigadores de Monsanto fue limitada; mis actividades estaban definidas y no podía salirme de lo establecido en el proyecto (Rangel, 2005: c.p.).

La participación de las empresas trasnacionales en la producción de alimentos, con fines de experimentación, tiene su antecedente en la década de los setenta del siglo pasado, cuando la Agencia Internacional para el Desarrollo (USAID) apoyó a diversas empresas trasnacionales para elaborar alimentos proteicos en algunos países de América Latina. Entre éstas destacan Pillsbury en la República de El Salvador; Monsanto y Swift en Brasil y Guyana; Nestlé en Perú y Quaker Oats en Venezuela. El éxito de estos experimentos fue limitado debido a los altos costos de estos productos, lo que provocó el consumo de éstos por personas que no necesitaban cubrir su consumo de proteínas, pero que tenían solvencia económica para acceder al producto (Paredes y Gallardo, 1976).

Particularmente, la Monsanto inició un proceso de diversificación hacia nuevas áreas de la biotecnología, particularmente hacia la industria de semillas. Esta empresa ha hecho de la biotecnología agrícola el eje central de sus investigaciones. Se calculaba que en esa conversión había invertido, hasta mediados de la década de los ochenta del siglo pasado, cerca de 1,000 millones de dólares, empleando una doble estrategia: por un lado, estableció sus propias unidades de Investigación y Desarrollo (ID) en biotecnología y por otro, aprovechó el dinamismo y la competencia de las empresas pequeñas. Parte importante de los ingresos de estas últimas proviene de los contratos de investigación suscritos con las empresas grandes (Correa, 1989).

El punto central de esta estrategia se concentra en la estrecha vinculación entre la biotecnología y la ciencia, de allí la necesidad de las empresas de establecer proyectos con institutos de investigación.[77] En 1993, el financiamiento externo en

[77] Varias empresas surgieron de esos mismos institutos, como creación directa de estos últimos o por la participación de científicos en los directorios y planteles profesionales. "El Imperial College de la Universidad de Londres estableció en 1982 una empresa manufacturera que realiza trabajos de fermentación. En Francia, el Centro Nacional de la Investigación Científica (CNRS), el Instituto Nacional de Salud e Investigaciones Médicas (INSERM) y el

investigación biotecnológica en México constituyó el 14 por ciento proveniente de empresas trasnacionales (Veracruz, Villa Soto y Villegas, 1994). En este porcentaje se encuentra el financiamiento otorgado por la Fundación Rockefeller para el Proyecto Monsanto-Cinvestav-I. Si bien esta estrategia de colaboración entre la Monsanto y el Cinvestav-I se había estabilizado por la empresa, constituyó una novedad la participación de otras instituciones que se fueron adhiriendo o separando del Proyecto en función de las necesidades generadas conforme se avanzaba en las metas trazadas por los científicos.

Los pronósticos de las estrategias que van desarrollando las empresas trasnacionales indican que se corre el riesgo del crecimiento del poderío económico de estas empresas, principalmente en complicidad con los centros de investigación, porque son alentadas por la posibilidad de patentar la tecnología que se desarrolla con su financiamiento (Correa, 1989; Chauvet *et al.*, 2004 y González, 2004). Sin embargo, el análisis requiere la observación de todos los actores involucrados, resaltando la particularidad de cada caso, como hemos visto a lo largo de este trabajo.

Para el doctor Rivera, el mapa de las empresas biotecnológicas se iba modificando en función del reconocimiento de las potencialidades de la tecnología biotecnológica, desde el punto de vista del mercado, dejando a un lado el interés por la generación de conocimiento:

> En el mundo había 100 compañías de biotecnología y las grandes se comieron a las pequeñas; estamos terminando

---

Instituto Nacional de Investigaciones Agronómicas (INRA), conjuntamente con el Instituto Pasteur, crearon una agrupación de interés económico para financiar e invertir en proyectos de salud, agronomía, defensa ecológica, energía y química. El INRA y el CNRS, por su parte, se asociaron con dos empresas francesas (la Elf Aquitaine y la Société Commerciale des Potasses et de I'Azote) para realizar un programa de fijación biológica del nitrógeno en los vegetales" (Correa, 1989: 991).

> con cinco o seis monstruos, Monsanto, Novartis, MacGregor. Mucha gente dice que estas compañías van a determinar lo que se coma y se produzca en el mundo, eso es un riesgo. Quieren parar el dominio económico de estas compañías parando a la biotecnología, pero considero que no es la forma adecuada, se manifiestan excusas para poder retrasar la investigación o el desarrollo de todo, con otros intereses económicos escondidos (Rivera, 1999: c.p.).

En cuanto a la situación de la papa transgénica, se obtuvieron los resultados planteados en el Proyecto referentes a la transferencia de tecnología en el laboratorio, mas no en el campo. Lo anterior debido a la inexistencia de otros actores de la red, como fue la apropiación por completo del Proyecto por parte de los científicos del INIFAP; la compilación en el establecimiento del marco jurídico para la investigación y la liberación de la papa transgénica, así como la participación de los productores demandantes de una planta modificada genéticamente.

La transformación técnico-social de los representantes de las ONG de carácter ecológico y la socialtécnica de los bioingenieros

Como mencionamos en el capítulo III, Greenpeace es la ONG que tiene, desde 1999, una campaña contra la ingeniería genética, misma que adquirió mayor visibilidad después de que se diera a conocer la contaminación genética del maíz en las comunidades de la sierra Juárez en Oaxaca, en 2001. El eje central de la campaña contra la ingeniería genética fue el reconocimiento de las acciones que impactaban negativamente al medio ambiente en general, así como evidenciar las condiciones que rodean las políticas y regulaciones no sólo nacionales, sino internacionales.

> Lo que a Greenpeace le preocupa es el impacto ambiental que se puede tener, todo lo que está alrededor de políticas y regulaciones no sólo nacionales, sino internacionales, que pueden favorecer o no, que tal o cual ocurra, o que deberían existir ciertas formas que se proteja o que garantice la protección de la diversidad biológica. Lo que es el impacto al ambiente (Covantes, 2004: c.p.).

En relación con el Proyecto Monsanto-Cinvestav-I, Greenpeace no estaba en acción, ya que su campaña contra los alimentos transgénicos comenzó ocho años después de que inició el Proyecto; sin embargo, el ambiente para la investigación biotecnológica se complicó cuando aparecieron en las discusiones cuestiones relacionadas con el marco jurídico, referentes a esta actividad de investigación biotecnológica y de regulación de los VGM. La respuesta de los investigadores del Cinvestav-I consistió en avanzar con cautela y observar los efectos de los grupos ecologistas. Para Rafael Rivera, la participación de los grupos ecologistas es necesaria en el trabajo de investigación, pero desde ciertas consideraciones:

> Yo no estoy en contra de esos movimientos, considero que juegan un papel muy importante, tiene que haber alguien que esté balanceando y pedir respuestas a lo que se está haciendo. El problema es cuando se llega a los extremos, hay gente muy centrada con la cual uno puede discutir, ayuda a muchas cosas, preguntas que tú no te habías hecho. Pero también hay gente que se disfraza de verde, por ejemplo que dice que la ingeniería genética es estar jugando a ser Dios, que estamos haciendo plantas que no se dieron en la naturaleza, por cosas religiosas y ya como se sienten con la libertad o con la fuerza, por cuestiones religiosas, no quieren saber nada de plantas transgénicas; es imposible discutir porque son creencias, otros fundamentos (Rivera, 1999: c.p.).

La relación entre el conocimiento y la ignorancia de los procesos de investigación en biotecnología marcó la pauta para una transformación social de la campaña en ingeniería genética de Greenpeace, ya que ellos reconocen que como organización no gubernamental no contaban con la misma credibilidad que los científicos ante las instancias gubernamentales en donde presentaban sus demandas y propuestas.

> En términos reales, el peso específico en una sociedad como ésta, por sus doctorados y premios, como la voz del doctor Bolívar Zapata, pesa más que la de una organización en donde en este caso, en mi caso, yo tengo una maestría. Pero una maestría frente a todos sus premios no significa nada para ellos [...] a ellos[78] le pueden escuchar cualquier cosa y lo van respetar, eso lo digo porque lo enfrentamos diario, los diputados o los senadores no te quieren poner atención, porque eres una ONG escandalosa, radical. Pero llega él con sus premios, con sus doctorados, el señor hay que tenerle mucho respeto, porque no van a tenerle el mismo respeto a uno o a una organización campesina o indígena (Covantes, 2005: c.p.).

Ante esta desventaja para Greenpeace, la política de la campaña relacionada con la ingeniería genética tuvo que ser transformada, incorporando aspectos ambientales, económicos y culturales; de esta forma crearon la Campaña de Agricultura Sustentable y Transgénicos. En esta campaña, es posible observar una transformación en términos del manejo del conocimiento científico y tecnológico, es posible visualizar que los miembros de esta campaña incorporan la participación de científicos especialistas en biotecnología, como son los casos de Elena Álvarez-Buylla, José Antonio Serratos, Antonio

[78] Se refiere también al doctor Luis Rafael Rivera Estrella, quien junto con el doctor Francisco Bolívar Zapata son dos de los científicos más destacados en el campo de la biotecnología.

Turrent,[79] científicos relacionados con el análisis del régimen de bioseguridad en el país.

> Trabajamos por una agricultura sustentable basada en la biodiversidad, que proteja los bosques y otros ecosistemas naturales; reduzca las emisiones de gases de efecto invernadero; promueva la salud del agua y los suelos; use menos fertilizantes y plaguicidas; sea libre de transgénicos y que promueva el comercio justo y nuestra soberanía alimentaria.[80]

Como mencionamos anteriormente, la campaña de ingeniería genética no se dirigió nunca al Proyecto Monsanto-Cinvestav-I directamente, pero sí contra la participación de las empresas trasnacionales como Monsanto en el desarrollo de la investigación biotecnológica en México. Para Greenpeace, detrás de la promoción de VGM se encuentran los intereses monopólicos de corporaciones como Monsanto la cual detenta 90 por ciento de las patentes de OGM. En su página electrónica se presenta un mapa, donde se reconoce la participación de empresas e instituciones que han obtenido el permiso para experimentar y desarrollar OGM; Greenpeace los llama *promotores transgénicos*, destacando el Cinvestav, el INIFAP y la Universidad Nacional Autónoma de México (UNAM).

La estrategia planteada por este grupo ambientalista le otorga la característica de presentarse como un grupo de presión, más que como una ONG, en función de las metas que se plantean, rechazando por completo la investigación y experi-

[79] Redactores de dos capítulos del reporte "Maíz y biodiversidad, los efectos del maíz transgénico en México", para la Comisión para la Cooperación Ambiental; las organizaciones de productores UNORCA-EDOMEX, Asociación Nacional de Empresas Comercializadoras de Productores del Campo, las ONG Grupo de Estudios Ambientales, AC; Red de Acción en Plaguicidas y sus Alternativas en México; Greenpeace México, Programa de Agroecología GIRA,AC, http://www.geaac.org/, 04/05/08.

[80] www.greenpeace.org/mexico/campaigns/ingenier-iacute-a-gen-eacute-t, 15/12/2007.

mentación con OGM. De entrada, la meta principal a corto plazo es impedir la autorización de las siembras experimentales de VGM. La alternativa que proponen se encuentra planteada en la meta a mediano plazo, en un modelo de agricultura sustentable con proyecto agroecológico, social, económico y ambientalmente justo. Finalmente, a largo plazo, pretenden incidir en la implementación de políticas de reducción del uso de fertilizantes.

Cuadro 8
Comparativo: organismo no gubernamental
y grupo de presión en torno a la transgénesis

Organización no gubernamental	*Grupo de presión*
Se conforma por grupos de la sociedad civil.	Se conforma de colectividades que sin participar directamente en las estructuras de representatividad.
Con fines sociales en forma lícita.	Mediatizan la decisión de los ciudadanos para un fin particular.
Sus funciones están orientadas a complementar los rubros en los que el Estado requiere colaboración.	La estrategia se fundamenta en presentar como beneficios comúnes aquellas estructuras que favorecen sus objetivos particulares.
Establecen, entre ellas, redes o coordinaciones que les permitan hacer más eficaz su trabajo.	Suelen motivar los sentimientos de los ciudadanos o los estados de necesidad, situaciones en las cuales la racionalización de la respuesta es menos objetiva y más fácil de conseguir.

Fuente: Elaboración propia con información de Pearce, 2002 y Campero, 2007.

La participación de Greenpeace, ya sea considerado como ONG o como grupo de presión, ha articulado un debate entre grupos de científicos protransgénicos y antitransgénicos; así, se puede observar que más que difusión científica se orienta a la presentación de una postura personal y en ocasiones institucional. Por ejemplo, la postura de la Academia Mexicana de Ciencias ha desempeñado un papel fundamental en las controversias en torno a los OGM, la construcción del marco legal, así como en la defensa de proyectos de investigación como el Monsanto-Cinvestav-I.

Pero en estos cambios, nosotros hemos constatado en nuestra investigación que los científicos del Cinvestav-I, participantes en las investigaciones de la papa transgénica, han ido abandonando su situación de científicos de laboratorio para participar como ponentes o entrevistados en foros de debate público social, sobre temas de intervención técnica. Dicho resumidamente, los científicos han asimilado ciertos temas y lenguajes sociales; asimismo, las representaciones de las ONG han incorporado temas científico-técnicos.

Conclusiones

La investigación científico-tecnológica es susceptible de estudiarse desde la Sociología de la tecnociencia mediante las aplicaciones metodológicas de la noción del actor-red. Con este enfoque, hemos abordado el proceso de investigación del tejido de las relaciones socionaturales entre los científicos, los organismos, las empresas y las instituciones a propósito de las investigaciones y otras acciones sociales llevadas a cabo sobre la formación de plantas de papa transgénicas, resistentes a virus.

En nuestro objeto de estudio, el punto central se ubicó en el conocimiento y la estabilización del saber-hacer en la transformación genética de la papa resistente a dos virus. Para los científicos mexicanos, el trabajo consistió en aprender y estabilizar la tecnología de la transgenésis vegetal, así como probarla en variedades de papa comerciales en México. Para la compañía Monsanto, su interés se enfocó en la posibilidad de probar su tecnología en otro país, con una nueva modalidad de transferencia de tecnología biotecnológica a un centro de investigación público de reconocido prestigio, en el nivel internacional. Para ISAAA y para la Fundación Rockefeller, representó la oportunidad de iniciar una nueva estrategia de intervención en la investigación agrícola en México, con posibilidades de alcanzar la comercialización de productos transgénicos. Para el INIFAP, que antes ya había participado de los beneficios de la Fundación Rockefeller representó la realización de las primeras pruebas de papa transgénica en sus campos experimentales y la donación de variedades de papa mexicanas registradas a su nombre para ser usadas como objeto de modificación genética; y, de este modo, incorporarse en la red del mejoramiento genético.

La centralización de elementos y de experiencias que la asociación ISAAA-FR procuraba en 1990-1991 muestra la simbiosis entre los científicos que inventan sistemas y los agentes de interés agrupados en organizaciones facilitadoras de transferencia tecnológica, que los aceptan y los reorganizan. En 1994, la FR centralizó las partes que habían sido construidas durante cuatro años; de este movimiento aparece la formación de una red que ligaría todos los elementos en una visión central más o menos coherente.

Cada posición, por la búsqueda de la representatividad de la papa y de los genes PVX-PVY, correspondía a una noción de red diferente. Para el ISAAA, este Proyecto fue el debut de una docena de proyectos promovidos entre empresas como Novartis, Pioneer Hi-Bred e instituciones de Asia, América Latina y África (ISAAA, 1999). La presencia mundial de esta organización en la construcción de redes interesadas en transferir, adoptar y adaptar tecnología de las empresas trasnacionales a instituciones de investigación públicas en otros países no podría pensarse sin el éxito de la experiencia científica entre Monsanto y Cinvestav-I.

Para la FR, representó la posibilidad de intervenir en el plano del financiamiento pero también en el de la inclusión de actores como el INIFAP y, así, continuar la trayectoria intervencionista de la FR en la agricultura mexicana reportada por Arellano (1999) en la investigación agrícola desde 1938 a la fecha.

Para Monsanto, la transferencia de un plásmido experimental no explotable en el campo de sus negocios no significa la pérdida de su misión empresarial; en cambio, le permitía licenciar tecnología libre de regalías que se transformarían en productos no protegidos, industrial o intelectualmente (Commandeur, 1996). Esta última situación daría a Monsanto la imagen de una empresa preocupada por el desarrollo tecnológico de los productores pobres, de los países de menor desarrollo tecnológico.

Para el Cinvestav-I, el Proyecto incluía muchos beneficios para la institución: el conocimiento general sobre la transformación de planta, virología y bioseguridad, por ejemplo, de las pruebas de campo. Cinvestav-I ahora tiene la capacidad de establecer los protocolos para la transformación de otras variedades y especies. El Proyecto le permitió a construir su potencial en el desarrollo de un producto y trabajar en esto junto con varias instituciones (Commandeur, 1996), lo que significa que la relación y la presencia de Cinvestav-I en el Proyecto lo consolida como institución confiable para el desarrollo de relaciones de asociación con instituciones privadas y públicas.

Para el INIFAP, se abría la posibilidad de establecer relaciones con instituciones como el Cinvestav-I, pero también de incluir en sus campos de experimentación genes PVX-PVY y de papa transgénica, lo que podría dar como resultado la construcción de un espacio de investigación en beneficio de sus aparentemente agotadas intervenciones científicas en la manipulación tradicional para buscar la resistencia de la papa ante el virus.

Después de 10 años de negociaciones y adecuaciones, una red que ligaba hombres, instituciones y plantas mejoradas tenía necesidad de un reconocimiento formal en los espacios de la sociedad mexicana. Esta red no habría existido si estos contados investigadores no hubiesen tenido éxito en sus arreglos con la naturaleza de los principios de la virología y de la transgénesis de la papa para formar las variedades resistentes a tres virus. La microbiología de la adecuación de las leyes de la papa y de los genes de virus PVX-PVY, operada por un puñado de investigadores, fue la clave que permitió la creación entre 1990 y 1999 de una impresionante estructura institucional, fundada sobre la transgénesis de la papa resistente a ciertos virus. Entre las instituciones que integraron esta red, sobresalen la Monsanto, el ISAAA, el Cinvestav-I, el INIFAP y otros organismos; Greenpeace, los instrumentos legales, las instituciones, etcétera.

A partir de la experiencia del Proyecto Monsanto-Cinvestav-I, se profundizó en el conocimiento de la identidad del genoma de la papa y de los virus; de las instituciones propietarias de tecnología y de las instituciones de investigación, entre otros. La colecta de papa Alfa mostró la posibilidad de representar, en unas plantas traídas del CIP en Perú, la amplia gama de plantas donadas por los productores y el INIFAP.

La red de papa protegida genéticamente no se realizó porque los productores no han sido vinculados con la semilla de papa, debido a que no se ha liberado y a que otros grupos de interés han manifestado su rechazo a la siembra, producción, transformación y consumo de papa transgénica. Las variedades transgénicas, así como los investigadores biotecnólogos, devendrían actores de la red de papa transgénica, y serían indispensables para los discursos, las problemáticas y las acciones para lograr la protección viral de las papas mexicanas.

La puesta en escena del objeto técnico *papa transgénica de resistencia a virus* corresponde al nacimiento de nuevos grupos sociales organizados en torno a las papas modificadas con genes exóticos. Desde luego, el primer grupo organizado, por el nacimiento del objeto técnico, corresponde a los equipos de investigadores de Monsanto, ISAAA y del Cinvestav-I; además de su relación con la FR. Después, aparecerían el INIFAP, la Conabio, el SNICS y la SS, así como, la aparición de un grupo de productores de semillas que vieron oportunidad de aprovechar un nuevo campo de negocios, basado en el progreso de la ingeniería genética. La entrada en escena de estos grupos en la temática de la papa marca la formación de un dispositivo de relaciones inédito entre empresas biotecnológicas trasnacionales, agentes de relaciones, instituciones de investigación en países en desarrollo tecnológico; de leyes establecidas y de realidades naturales construidas de manera simultánea.

La construcción de lo social no está en función de la cantidad de las personas, oficinas o empresas formadas ni de los instrumentos legales; más allá de los números, lo social es la fundación de nuevas relaciones y de actores sociales que, en el caso que nos ocupa, toman una dimensión global.

El rasgo inacabado de la red consiste en que los productores y los sectores sociales contrarios a la formación, siembra y consumo de plantas transgénicas no se han adherido a la red. Técnicamente, la papa ha sido transformada; sin embargo, los grupos ecologistas y los productores aún no han sido incorporados. Esta ausencia (negación) es catalogada por Rafael Rivera como "la falta de transformación (empleando una metáfora de la ingeniería genética) de la sociedad".

En efecto, la conformación de grupos de presión contra el empleo de organismos genéticamente modificados es la característica de los últimos tiempos. Muestra de lo anterior sucedió en febrero de 1999, cuando se reunieron en Cuernavaca, Morelos (México) organismos ambientalistas y campesinos para denunciar la complacencia de los gobiernos, que dejan en manos de firmas multinacionales el control del sistema alimentario; asimismo, alertaron sobre la introducción masiva de semillas transgénicas, entre éstas, de papa (Pérez, 1999).

El público se encuentra ausente de estos debates, pero no está lejana su participación: tomando una serie de decisiones como consumidor, productor y actor político, sumándose a las protestas o aceptando que los OGM son inevitables como actores de nuestra vida cotidiana. Así lo anuncian los debates en la prensa nacional.

Hasta ahora, las papas transgénicas formadas se encuentran confinadas a los laboratorios del Cinvestav-I y del INIFAP, a la espera de que las controversias sociales tomen un curso que las haga salir a los campos agrícolas o sigan en confinamiento, según se impongan los actores pro-VGM o las ONG antiVGM, respectivamente. Los estudios de laboratorios seguirán teniendo un espacio analítico si desean confirmar el estudio de la construcción de redes sociotécnicas.

Bibliografía

AKRICH, M., M. Callon y B. Latour (2006), *Sociologie de la traduction*, París, Mines Paris Les Presses.

ALLENDE, C. (1995), *La investigación científica en México*, Asociación Nacional de Universidades e Instituciones de Educación Superior.

ÁLVAREZ, J. (1976), "Necesidad de formular un código internacional de conducta en materia de transferencia de tecnología", en *Revista Comercio Exterior*, vol. 26. núm. 6, México.

ÁLVAREZ, M.A. (1996), "Centro de Investigación y Estudios Avanzados-Irapuato: Evolución y estado actual", en *Avances y Perspectivas Revista del Cinvestav*, vol. 15, México, marzo-junio.

AMPUGNANI, G. (2006), "Greenpeace alerta ante intención gubernamental de violar ley para favorecer siembra de maíz transgénico", *Greenpeace Boletín* 0679/25 de septiembre, http://www.biodiversidadla.org/content/view/full/27200

ARÉCHIGA, H. (1995), *La investigación científica y tecnológica*, México, Asociación Nacional de Universidades e Instituciones de Educación Superior, ANUIES.

ARELLANO, A. (1991), *La institucionalización de las Ciencias de la Agricultura en México* (una intervención sociológica), Toluca, Universidad Autónoma del Estado de México.

_______ (1999), *La producción social de objetos técnicos agrícolas*, México, Universidad Autónoma del Estado de México.

_______ (2007), "De la epistemología de la ecología política latouriana a una epistemología de sustento antropológico", en

Convergencia Revista de Ciencias Sociales, año 14. núm. 44, Universidad Autónoma del Estado de México.

_______ (2003a), "La sociología de las ciencias y de las técnicas de Michel Callon y Bruno Latour", en J. Ocampo, E. Patlán, y A. Arellano (coords.), *Un debate abierto. Escuelas y corrientes sobre la tecnología*, Universidad Autónoma Chapingo.

_______ y C. Ortega (2003b), "Construcción de una red socio-técnica de papa modificada genéticamente resistente a virus: las investigaciones para la alimentación transgénica en México", en M. del Valle, *Seminario de Economía Agrícola del Tercer Mundo, Agricultura y Alimentación frente a los Retos Tecnológicos del Nuevo Siglo*, México, Universidad Nacional Autónoma de México, UNAM.

_______ y C. Ortega (2002), "La investigación tecnológica universitaria y su vínculo con el sector productivo (el caso de la Universidad Autónoma del Estado de México)", en L. Corona, *Innovación, Universidad e Industria en el desarrollo regional*, México, Plaza y Valdez.

_______ y C. Ortega (2005), "Las redes sociotécnicas en torno a la investigación biotecnológica del maíz", en *Convergencia Revista de Ciencias Sociales*, año 12. núm. 38, mayo-agosto, Universidad Autónoma del Estado de México.

Barba, P. (2002), *Periódico a.m.*, lunes 29 de abril, Irapuato, México.

Barbabosa, R. (1977), "Notas sobre el progreso técnico y agricultura tradicional", en *Revista Comercio Exterior*, vol. 12, núm. 14, México.

Barnes, B. (1972), *Estudios sobre sociología de la ciencia*, Madrid, Alianza Editorial.

_______ (1993-1994), "Cómo hacer sociología del conocimiento", en *Política y Sociedad*, 14/15:9-19.

Beachy, P. (1990), "Production of transgenic potato in Mexico: Analysis of a sucessful Experience", en Rivera y Villalobos, *Turning priorities into feasible programs: proceedings of a Policy Seminar on Agricultural Biotechnology for Latin America*, editado por J. Komen, C. Falconi y H. Hernández, Lima, Perú ISNAR-Intermediary Biotechnology Service/CamBioTec.

Berrueco, A. y D. Márquez (2006), "El marco jurídico del sistema de ciencia y tecnología", en E. Cabrero, D. Valadés, S. López (coords.), *El diseño institucional de la política en Ciencia y Tecnología en México*, México, Instituto de Investigaciones Jurídicas, Universidad Nacional Autónoma de México, unam.

Bijman, J. (1995), "Strategies of US biotechnology companies", en *Biotechnology and Development Monitor*, núm. 24, http://www.biotech-monitor.nl/2406.htm

Bloor, D. 1976 "El programa fuerte de la sociología del conocimiento", en L. Olive (comp.), *La explicación social del conocimiento*, México, unam, 1994.

Boltvinik, J. (1976), "Estrategias de desarrollo rural, economía campesina e innovación tecnológica en México", en *Revista Comercio Exterior*, vol. 26, núm. 7, México.

Bourdieu, P. (2003), *Los usos sociales de la ciencia. Por una sociología clínica del campo científico*, Buenos Aires, Nueva Visión.

Bye, R. (1998), "La intervención del hombre en la diversidad de las plantas en México", en T. Ramamorthy, R. Bye, A. Lot, J. Fa. *Diversidad biológica de México. Orígenes y distribución*, México, unam.

Cabrero, E., D. Valadés y S. López (2006), "El diseño institucional de la política en ciencia y tecnología en México: Revisión y propuestas para su reforma", en E. Cabrero, D. Valadés y S. López (coords.), *El diseño institucional de la política en ciencia y tecnología en México*, México, iij, unam.

Callon, M. (1986), "Élements pour une sociologie de la traduction, la domestication des coquilles Saint-Jacques et des marins-pêcheurs dans la baie de Saint-Brieuc", París, L'année sociologique.

_____ (1989), "Genèse et circulation des faits scientifiques", en M. Callon, *La Science et ses réseaux*, París, La Découverte.

_____ (1995), "Technological conception and adoption network: lessons for the CTA practitioner", en A. Rip, T. Misa (eds.), *Managing technology in society-the approach of constructive technology assessment*, Londres, Printer Publisher.

Campero, G. (2003), "La relación entre el gobierno y los grupos de presión: el proceso de la acción de bloques a la acción segmentada", en *Revista de Ciencia Política*, vol. XXIII, núm. 002, Santiago de Chile, Pontificia Universidad de Chile.

CASAS, R. (1991), "La biotecnología y su incidencia en los problemas ambientales de México", en *Revista Mexicana de Sociología*, núm. 3, México.

_______ (1993), *La investigación biotecnológica en México. Tendencias en el Sector Agroalimentario*, México. UNAM.

CASAS, R.; M. Chauvet y D. Rodríguez (1992), *La biotecnología y sus repercusiones socioeconómicas y políticas*, México, UNAM/UAN-Azcapotzalco.

CHAUVET, M., R. González, R. Barajas, Y. Castañeda e Y. Massieu (2004), *Impactos sociales de la biotecnología*, México, UAM-Azcapotzalco/Conacyt/CambioTec/Praxis.

COLE, S. y J. Cole (1967), "Scientific output and recognition: A study in the operation of the reward system in science", en *American Sociological Review*, vol. 32, núm. 3.

COLLINNGWOOD, R. (1950), *Idea de la naturaleza*, México, Fondo de Cultura Económica.

COMMANDEUR, P. (1996), "Privade-public cooperation in transgenic virus-resistant potatoes Monsanto, USA-Cinvestav, Mexico", en *Biotechnology and Development Monitor*, núm. 24.

COMTE, A. (1981), *Discurso sobre el espíritu positivo*, Buenos Aires, Aguilar.

CORREA, C. (1989), "Biotecnología: el surgimiento de la industria y el control de la innovación", en *Revista Comercio Exterior*, vol. 39, núm. 2, México.

COVANTES, L. (2005), Comunicaciones personales (C.P.).

CUBERO, J. (2000), *Perspectiva histórica de la biotecnología vegetal, memorias de la I Jornada sobre Productos Transgénicos en Agricultura*, Universidad de Córdoba, 13 a 15 de noviembre.

CUTELIFFE, Stephen (2003), *Ideas, máquinas y valores. Los estudios de ciencia, tecnología y sociedad*, Barcelona, Anthropos/Universidad Autónoma Metropolitana, Iztapalapa.

DE MARÍA Y CAMPOS, M. (1974), "La política mexicana sobre la transferencia de tecnología; una evaluación preliminar", en *Revista Comercio Exterior*, vol. 24, núm. 5, México.

DESCOLA, P. y B. Pálsson (2001), *Naturaleza y sociedad. Perspectivas antropológicas*, México, Siglo XXI.

DILMUS, J. (1978), "Política científica y tecnológica en América Latina", en *Revista Comercio Exterior*, vol. 28, núm. 12, México, Bancomext.

DURKHEIM (1989), *Las formas elementales de la vida religiosa*, México, Colofón.

ENCISO, A. (2003), "Expertos del Cibiogem aceptan impulsar de nuevo los transgénicos", en *La Jornada*, México, 3 de junio de 2003.

FITZGERALD, D. (1986), "Exporting American agriculture. The Rockefeller Foundation in Mexico 1943-1953", en *Social Studies of Science*.

FLECK, L. (1986), *La génesis y el desarrollo de un hecho científico. Introducción a la teoría del estilo de pensamiento y del colectivo de pensamiento*, Madrid, Alianza Editorial.

GALICIA, S. (2000), "Estrategias competitivas de papa en la región del bajío", en *Revista Textual*, México, Universidad Autónoma Chapingo.

GEERTZ, C. (1998), *El surgimiento de la antropología posmoderna*, Barcelona, Gedisa.

GOETZ, J. y M. LeComte (1988), *Etnografía y diseño cualitativo*, Madrid, Morata.

GONZÁLEZ, M. (2002) (coord.), "La Comisión Intersecretaria de Bioseguridad y Organismos Genéticamente Modificados", México, www.cibiogem.gob.mx.

GONZÁLEZ, M., J. López y J. Luján (1996), *Ciencia, tecnología y sociedad*, Madrid, Tecnos.

GONZÁLEZ, R. (2004), *La biotecnología agrícola en México: efectos de la propiedad intelectual y la bioseguridad*, México, DCSH-UAM-X.

GONZÁLEZ, T. y T. Sánchez (1998), "Las sociologías del conocimiento científico", en *Revista Española de Investigaciones Sociológicas* (reis), vol. 43, Madrid.

GRAIN (2000), "ISAAA in Asia Promoting corporate profits in the name of the poor", http://www.grain.org/briefings/?id=137.

HABERMAS, J. (1981), *Ciencia y técnica como ideología*, México, Rei.

HARRIS, M. (2007), *Vacas, cerdos, guerras y brujas. Los enigmas de la cultura*, Madrid, Alianza Editorial.

HODARA, J. (1970), *Productividad de la investigación científica e indicadores*, México, UAM, Instituto de Investigaciones Sociales (ITS).

IBARRA, A. y J. López (2001), *Desafíos y tensiones actuales en ciencia, tecnología y sociedad*, Madrid, Biblioteca Nueva Organización de Estados Iberoamericanos.

International Service for the Adquisition of Agri-Biotech Applications (1999), "ISAAA in brief", www.isaaa.org.

KNORR-CETINA, K. (1981), *The Manufacture of Knowledge: An Enssay on the Constructivist and Contextual Nature of cience*, Oxford, Pergamon.

KREIMER, P. (2005), *De probetas, computadoras y ratones. La construcción de una mirada sociológica sobre la ciencia*, Buenos Aires, Universidad Nacional de Quilmes.

KUHN, T. (1986), *La estructura de las revoluciones científicas*, México, FCE.

LAMO DE ESPINOZA, E.J. González y C. Torres (1994), *La sociología del conocimiento y de la ciencia*, Alianza Editorial.

LATOUR, B. (1992), *Ciencia en acción*, Barcelona, Labor.

_______ (1999), *Politiques de la nature. Comment faire entrer les sciences en démocratie*, París, La Découverte.

_______ (2002), "Llamada a revisión de la modernidad. Aproximaciones antropológicas", en *Revista de Antropología Iberoamericana*, Madrid, www.aibr.org, edición eletrónica.

_______ (2005), *Reassembling the social. An introduction to Actor-Network Theory*, Nueva York, Oxford University Press.

_______ y S. Woolgar (1979), *Laboratory Life: The Social Contruction of Scientific Knowledge*, Beverly Hills, Sage.

LAW, J. (1991), "Introducction: monsters, machines and sociotecnical relaciones", en *A sociology of monsters: essays on power, technology and domination*, Londres, Routledge.

LEDESMA, I. (2000), *Historia de la biología*, México, Ed. Agt.

LEFF, E. (1976), "El sistema de ciencia y tecnología en el proceso de desarrollo socioeconómico", en *Revista Comercio Exterior*, vol. 26, núm. 12, México, Bancomext.

_______ (2000), *Los problemas del conocimiento y la perspectiva ambiental del desarrollo*, México, Siglo XXI.

López, A. (2001) (c.p), Comunicaciones Personales.

Lynch, M. y McNally, R. (2006), "Encadenando a un monstruo: la producción de representaciones en un campo impuro", en *Convergencia Revista de Ciencias Sociales*, vol. 42, México, Universidad Autónoma del Estado de México, septiembre-diciembre.

Magallanes, J. Díaz, C. R. Flores, Rubio, O. Zavala, T. Ramiro, R. Parga y V. Torres (2002), "Cir centro", Campo experimental Valle de Toluca, México.

Mannheim, K. (1941), *Ideología y utopía. Introducción a la sociología del conocimiento*, México, FCE.

Martin, O. (2003), *Sociología de las ciencias*, Buenos Aires, Nueva Visión.

Marx, K. (1980), *Contribución a la crítica a la economía política*, México, Ediciones Quinto Sol.

Massieu, Y. (2004), "Impactos de la biotecnología en la producción de hortalizas", en *Aportes*, Revista de la Facultad de Economía, año IX, núm. 26, México, Benemérita Universidad de Puebla, mayo-agosto.

Merton, R. (1942), "Los imperativos institucionales de la Ciencia", en B. Barnes (comp) (1972), *Estudios sobre Sociología de la ciencia*, Madrid, Alianza Editorial.

_______ (1984), *Ciencia, tecnología y sociedad en la Inglaterra del siglo XVI*, Madrid, Alianza Editorial.

_______ (1985), *La sociología de la ciencia 2*, Madrid, Alianza Editorial.

_______ (2004), *Teoría de las estructuras sociales*, México, FCE.

Monsanto (1994), *Annual Report*, Missouri, Monsanto Press Release, 28 de junio.

Muñoz, E. (2005), "Biotecnología, medio ambiente y sociedad", Estudios sobre Tecnología, Ecología y Filosofía, Sala de lectura Organización de Estados Iberoamericanos, www.campus-oei.org.

Múñoz, J. (2004) (coord), *Alimentos transgénicos. Ciencia, ambiente y mercado: un debate abierto*, México, UNAM.

NADAL, A. (1977), "Instrumentos de política científica y tecnológica en México", México, El Colegio de México.

OLIVÉ, L. (2004), "Transgénicos, riesgo y participación pública", en J. Muñoz (coord.), *Alimentos transgénicos, ciencia, ambiente y mercado: un debate abierto,* México, UNAM.

Organización de las Naciones Unidas-Secretaría del Convenio sobre la Diversidad Biológica (2000), "Protocolo de Cartagena sobre seguridad de la biotecnología", Montreal.

PADILLA, J. (2004), "Análisis de riesgos y percepción pública de los alimentos transgénicos", en J. Muñoz (coord.), *Alimentos transgénicos. Ciencia, ambiente y mercado: un debate abierto,* México, UNAM.

PAREDES, O., O. Gallardo e Y. Navarro (1976), "La industria alimentaria en México y la penetración de las empresas transnacionales", en *Revista Comercio Exterior*, vol. 26, núm. 23, México, Bancomext.

PEARCE, J. (2002), *Desarrollo, organizaciones no gubernamentales y sociedad,* Barcelona, Intermon, Oxfam.

PÉREZ, R. (2001), *Biotecnología, sociedad y derecho*, México, UAM. Azt, Miguel Ángel Porrúa.

POPPER, K. (1962), *La lógica de la investigación científica*, Madrid, Tecnos.

QAIM, M. (1998), *Transgenic virus resistant potatoes in Mexico: potencial socioeconomic implications on North-South biotechnology transfer,* ISAAA, Briefs, núm. 7, International Service for the Acquisition of Agri-biotech Applicarions.

RIVERA, R. (1995), "An example of transfer of propietary technology from the private sector to a developing country", en D.W. Altman y K.N. Watanabe, *Plant Biotechnology Transfer to Developing Countries*, Landes Company.

——— (1998), Archivos de Rafael Rivera Bustamante.

——— (1998), Comunicaciones personales (c.p.).

——— (1999), Comunicaciones personales (c.p.)

——— (2001), Comunicaciones personales (c.p.).

——— (2002), Comunicaciones personales (c.p.).

——— y V. Villalobos (1999), "Production of transgenic potato in Mexico: Analysis of a sucessful experience", en *Turning Prio-*

rities Into Feasible Programs: Proceedings of a Policy Seminar on Agricultural Biotechnology for Latin America, Editado por J. Komen, C. Falconi y H. Hernández, Lima, Perú, ISNAR-Intermediary Biotechnology Service/CamBioTec.

ROCKWELL, E. (2001), "Caminos y rumbos de la etnografía educativa en América Latina", en *Cuadernos de Antropología Social*, Buenos Aires.

SALDANHA, C. y M. Oliveira de (2005), "La innovación para la sociología de la traducción", en *AIBR, Revista de Antropología Iberoamericana*, núm. especial noviembre-diciembre, http://www.aibr.org.

SÁNCHEZ, T. (2005), "Más allá de la naturaleza y las culturas: una nueva dimensión comparativa para la antropología en la obra de Descola", en *AIBR, Revista de Antropología Iberoamericana*, núm. 43, http://www.aibr.org.

SEPÚLVEDA, M. y A. Arellano (1997), "Entrevista con Philippe Descola: hacia una antropología de la naturaleza", en *Ciencia Ergo Sum Revista Científica Multidisciplinaria*, vol. 4, núm. 1, México, Universidad Autónoma del Estado de México.

SHAPIN, S. y S. Schaffer (1986), *Leviatan and the air-pump*, Princeton, Princeton University Press.

TIRADO, F. y M. Doménech (2005), "Asociaciones heterogéneas y actantes: el giro postsocial de la Teoría del Actor-Red", en *AIBR, Revista de Antropología Iberoamericana*, núm. 43, http://www.aibr.org.

TOLEDO, V. (2004), "Ciencia, sustentabilidad y sociedad del riesgo. El caso de la biotecnología agrícola (transgénicos)", en J. Muñoz (coord.), *Alimentos transgénicos. Ciencia, ambiente y mercado: un debate abierto*, México, UNAM.

TRIGO, E., G. Traxler, C. Pray y R. Echeverría (2002), *Agricultural biotechnology and rural development in Latin American and the Caribbean. Implications for IBD lending*, Washington, D.C., Inter-American Development Bank.

TUCKMAN, B. (1976), "The Green Revolution and the Distribution of Agricultural income in Mexico", en *World Development*, vol. 4, issue 1, htpp://econopapers.reper.org.

VEGA, J. y R. Rivera (2001), "Los virus cómplices para descifrar procesos moleculares en plantas", en *Revista Avances y Perspectivas*, vol. 20, México, Cinvestav.

VERACRUZ, A., J. Villa Soto y A. Villegas, "El Subsistema Nacional de Innovación en Biotecnología: el papel de los centros de investigación en México", en *Revista Comercio Exterior*, vol. 44, núm. 14, México, Bancomext.

VINCK, D. (2007), *Sciences et sociét.é Sociologie du travail scientifique*, París, Armand Colin.

WALLERSTEIN, I. (coord.) (2006), *Abrir las ciencias sociales*, México, Siglo XXI.

WIONCZEK, M. (1971), "Los problemas de transferencia de tecnología en un marco de industrialización acelerada: el caso de México", en *Revista Comercio Exterior*, vol. 18, núm. 5, México.

WOOLGAR, S. (1991), *Ciencia: abriendo la caja negra*, Barcelona, Anthropos.

ZUCKERMAN, H. (1972), "Age, aging, and age structure in science", en M.W. Riley, M. Johnson, y A. Foner (eds.), *A theory of age stratification*, vol. 13, of Aging and Society, Nueva York, Russell Sage Foundation.

Índice

Relaciones sociales y de genes: el primer vegetal transgénico mexicano, se terminó de imprimir en la Ciudad de México durante el mes de abril del año 2010. La edición, en papel de 75 gramos, estuvo al cuidado de la oficina litotipográfica de la casa editora.

ISBN 978-607-401-255-2